WILD LIFE

野生動物搞笑日常

原來牠們這樣生活！
用4格漫畫觀察四季生態

一日一種

2

人人出版

春 Spring

夏 Summer

秋 Autumn

冬 Winter

Column

專欄

遲到了遲到了！
糟糕！
還有點寒冷的早春—
從冬眠中醒來的蟾蜍
為了產卵趕往出生地的池子
側溝
嗚哇—
砰咚
哎呀哎呀
爬不上去
呵啊
小動物斜坡
從這裡就爬得上去喔！
一種111
の11-11
轟
隆
哇啊
呼呵呼呵
再一下下就可以到池子了……

!?
什麼
這是什麼啊
喂～
地下式動物通道
喂
這裡好像可以過喔
大家來看！
地下式動物通道
看樣子，這個前方應該也是……
池塘應該已經消失了……

青蛙池
然後，再度—
卵
野生動物們的一年開始了

春

Spring

鳥兒們喜歡櫻花 之一

染井吉野櫻

薔薇科 梅屬櫻亞屬

日本最具代表性的櫻花品種，在日本可能有**數百萬至數千萬**棵

麻雀

雀形目 麻雀科

喙部粗而短
因此……

鳥兒們喜歡櫻花 之二

棕耳鵯

雀形目 鵯科

適合用來吸蜜，不過有時會連花瓣都吃掉

麻雀有時候也會打洞**吸蜜**，讓花不會掉落

鳥兒們喜歡櫻花 之三

你們啊……又摘又吃，
不覺得櫻花很可憐嗎？
才沒有那回事！
你看，明明開這麼多花，怎麼都不會結實呢？
咦？真的耶
……好像都沒看到櫻花果
同樣是染井吉野櫻，彼此無法成功授粉結實
不論從前或現在，都是藉由人類的手來進行授粉繁殖
好吧！那至少要好好的把花吃掉！
展現我們的正義
這是什麼解釋～
咕唧
噗唧

染井吉野櫻是以扦插或嫁接來繁殖

樹枝
相同基因

並不是因為它們都不會結實，若是從基因不同的其他櫻花受粉就能結實

苦

染井吉野櫻的櫻花果

Column

聚集到櫻花樹的各種生物

棕耳鵯
有時吸食花蜜，有時會連花瓣整個吃掉。
各種蝶
早春羽化的蝴蝶，或是以成蟲越冬的蝴蝶會為了吸蜜前來。
綠繡眼
由於舌頭成為刷狀，很適合吸蜜。
日本小啄木
除了偶爾吸蜜之外，還會吃樹上的蟲子。
白頰山雀
經常會像麻雀那樣把花扯下來吸蜜。
蜜蜂
從早春開始活動的昆蟲。只要不主動刺激牠，基本上就能夠保持安全。
麻雀
由於喙部粗短，無法從正面吸蜜，而是把花扯下來舔蜜。
拍照的人
前來拍攝花或造訪花的鳥類。
鳥友
為了賞鳥而來，比起美麗的花，他們更關注鳥兒。
賞花的人
很多時候是為了親友團聚，不一定會真的賞花。

青鱂魚的學校

第一節課 健康與體育

鶴鱵目 怪頜鱂科

日本的野生青鱂魚有兩種（洒泉青鱂魚與青鱂魚）

由於眼睛高高凸出來，所以日文名直譯就是「目高」

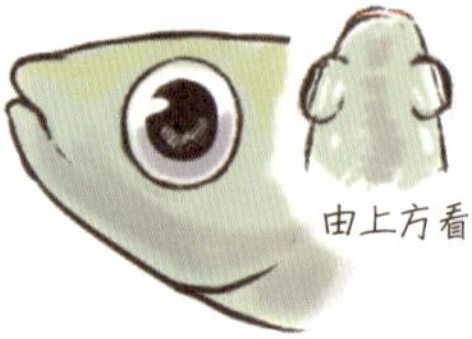

產卵是♂以鰭抓住♀進行體外受精

鰭的使用方式很特別

※ 青鱂魚是瀕危物種

青鱂魚的學校

第二節課 道德與倫理

成魚會把卵或幼魚**吃掉**，所以最好要分開飼養

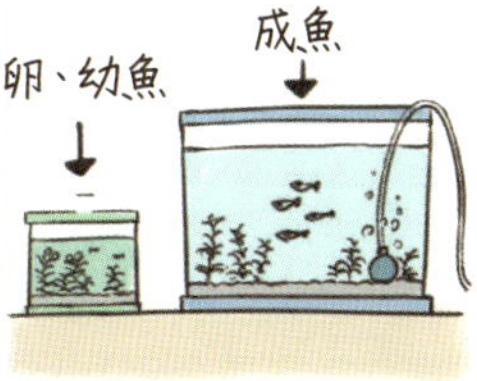

※ 青鱂魚是瀕危物種

青鱂魚的學校

第三節課 自然

這堵牆的外面是被人類這種動物所支配
鼕
鼕
就是那些很大隻的猿猴嗎？
小五學生（青鱂魚視角）
啊，上面也有
嗚哇!!
他們圍在我們周圍是想要做什麼啊？
基本上只是看而已……
然後不知道為什麼會定期性的
把食物丟下來再走——！
啪啦
啪啦
為什麼!?

※ 青鱂魚是瀕危物種

小學五年級自然課

飼養青鱂魚，觀察♂、♀的差異，以及產卵的樣態

♂鰭很大，容易抓住♀
有缺口
♂
♀

日本小學 經常會考的題目

♂和♀的差異

用來飼養觀察的青鱂魚，通常都是人工培育的緋青鱂魚（青鱂魚紅色變種）

青鱂魚的學校

第四節課 歷史

不久之前—
農田和小河裡
還有許多我們
的祖先
但是
時代改變—
我們
成為這個地區
最後的殘存者
不久的將來…
希望能夠再次生活
在大自然之中
咕嘟
咕嘟
老師…
那些卵是我的…
現在把考卷
發給你們
不久的將來……
青鱂魚的
100

由於農業型態變化以及外來種的影響等，導致原生種的黑青鱂魚（日本青鱂魚）變成瀕危物種

日本童謠《青鱂魚的學校》的內容把牠們成群生活的樣態比喻成上學

※ 青鱂魚是瀕危物種……現在式

Column

青鱂魚的飼養方法

找到青鱂魚

・人工培育品種緋青鱂魚，可以在市面上買到（絕對不要放生到野外去）。

・日本青鱂魚在某些地區被明訂為瀕危物種，千萬不可以捕捉。

經常在市面上可見的人工培育品種緋青鱂魚

飼養青鱂魚的準備

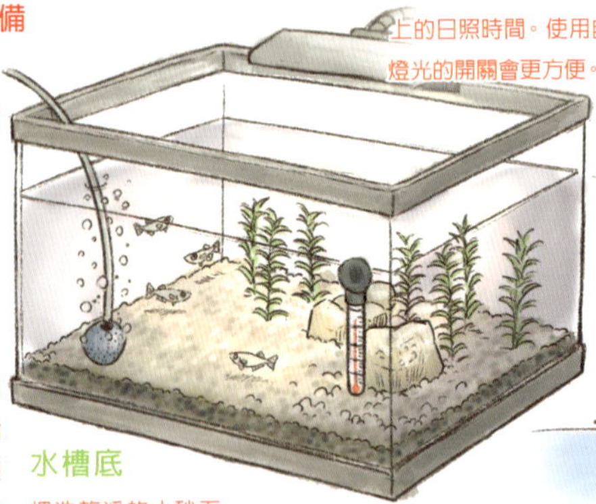

燈光

為了讓青鱂魚產卵，一天需要 13 小時以上的日照時間。使用自動計時器來管理燈光的開關會更方便。

曝氣裝置

以氣泡石等水流弱者為佳

水草

青鱂魚產卵、躲藏的場所，以及氧氣的供給來源。牠們也經常在浮水型的水草上產卵。

飼料

使用市面上販賣的飼料。由於青鱂魚的嘴巴小，如果買到大型飼料，最好先用手指將飼料弄碎。

水槽底

把洗乾淨的小砂石鋪在底部

水溫計

水溫在 20 ～ 25°C左右，比較適合產卵。

※ 水溫變低就放加溫器

一起在水槽中飼養就能夠讓水槽變得很乾淨的生物

田螺等螺類

泥鰍類

假如只要飼養 2～3 隻左右，可以用 2 公升的寶特瓶。

小心不要受傷，在切口貼上膠帶比較好。

※ 在學校教學的話，很適合分小組觀察時使用。

飼養時要注意

・為了不讓水槽裡的水溫度過高，不要放在太陽直射的場所。

・要使用放置一陣子的自來水，或是已經除掉氯氣的水。

・水變髒之後，要換掉一半左右的水（不要一次全部換掉）。

在城市中築巢之一
灰椋鳥的築巢

雀形目 椋鳥科

也有一種說法是因為牠們喜歡糙葉樹的果實所以叫做灰椋鳥
（糙葉樹和灰椋鳥的日文發音很類似）

除了樹洞以外，也會在遮雨板收起來的地方、排氣口等的人工物中築巢

假如有看到大便或是巢材的話，就有可能是鳥兒在使用

哇啊！
你在那種地方築巢啊?!
好像會讓身體變成縱長型，然後掉出來呢！
Hi
麻雀你不是也喜歡那樣的縫隙嗎？
哈哈哈……
對我來說有點太大了
先這樣囉
我要回去照顧寶寶了！
咻

城市中的築巢之二 麻雀的築巢

雀形目 麻雀科

在樹洞或各種人工物的縫隙間築巢

- 屋瓦
- 排水口
- 排雨水的溝
- 排氣扇　等

有時候也會使用家燕的巢或是虎頭蜂的巢……

電線桿也是經常用來築巢的地點之一

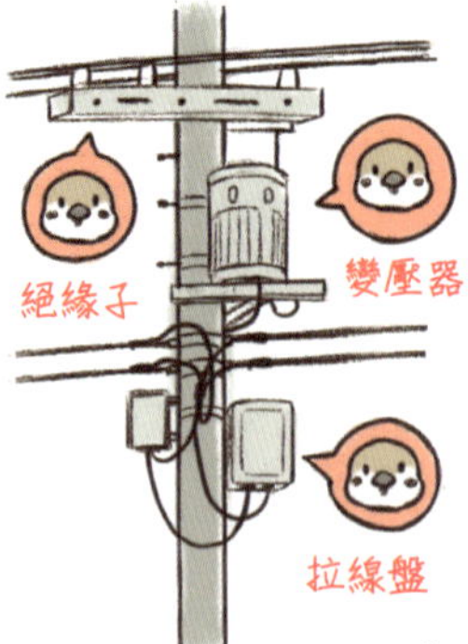
絕緣子
變壓器
拉線盤

城市中的築巢之三
白頰山雀

雀形目 山雀科

從都市到山區，隨處可見的小鳥

腹部的領帶斑紋

粗的 → ♂　細的 → ♀

經常使用人工物來當樹洞的替代品

家裡的野生動物之一

果蠅

雙翅目 果蠅科

！
這個家…
有「腐爛」的氣味！
咦
嗡
嗡
？
食物沒有腐爛呢
咦
廚房也整理得很乾淨
哼嗯…沒有任何東西腐壞
嗡—嗡
轟隆
轟隆
帥哥天國
BL

被稱為小蠅的一種蠅類，經常出現在日本的高中自然科教科書

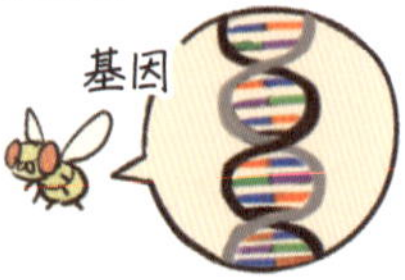
基因

當家裡有腐爛的食物或是酒精時就會立刻出現

嗡
嗡
嗡
嗡
支持香蕉腐爛後才好吃的那一派

打嗝
打嗝
BEER
お酒
也很喜歡酒，蒼蠅似乎也會酒醉

家裡的野生動物之二

蠅虎

蜘蛛目 蠅虎科

這個家…！
有「蒼蠅」的氣味！
カサカサ
嘶
嗚
嗚。
咱？
……咱咱
嗯嗯…
嘶
嗚
嗚
抓不到!?
為什麼!?
嗚哇，有蜘蛛！
ごみ箱
ドキュメント
メール

安德遜蠅虎

經常在人類住家出現的蠅虎。↕不停揮動白色觸肢

除此之外，還有兩種蠅虎經常在人類住家巡邏

褐條斑蠅虎　條紋蠅虎

牠們對人類**無害**
會幫忙捕捉果蠅，
算是**益蟲**

旋轉
旋轉
旋轉
旋轉

牠們的旋轉行為常被人類耍著玩

會幫忙吃害蟲 壁虎

有鱗目 守宮科

蠅虎是會吃害蟲的益蟲，要好好對待牠們喔
哦哦～
啊
有壁虎
壁虎也會吃害蟲，是我們要感謝的動物呢
所以叫做家守
原來如此，真的要好好對待牠們
咽嗄!!
喂，益蟲被吃掉了

經常待在住家外牆。

由於會吃害蟲保護家裡，因此在日本得到「家守」的名字

保護！
只有吃而已

雖然有時候會跟蠑螈搞混，但一個是爬蟲類，一個是兩生類，是完全不同的生物

住家的家守
在住家附近出沒
水井的「井守」
在水邊出沒
（兩生類）
這樣就會記住囉

雄蟻的結婚飛行 之一

歐～耶
身為男兒身實在超幸運啊～
就算不工作也有食物吃～
這種生活最棒了
喂，那邊的男生！
明天就要結婚飛行了……
還那麼悠哉嗎？
蛤？
那是什麼？
你們不知道嗎？結婚飛行就是雄蟻會……
……結婚飛行……
好可怕……
真希望我是雌性……

蟻巢中的主角

蟻后

一開始什麼都一手包辦的單親媽媽，但在工蟻增加之後就專心產卵

工蟻

負責各種工作，沒有生殖能力的雌蟻們

新蟻后

外出尋找新天地的下一任蟻后

雄蟻

唯一的工作就是在結婚飛行前，要健康存活著

結婚飛行是……？（→接下來請看之二）

雄蟻的結婚飛行 之二

結婚飛行即使雄蟻的運氣很好、順利交配，也會由於筋疲力竭
成為
一片空白……
死亡
在交配中失敗的雄蟻也不允許回到巢中
死亡
完成交配也是
死 Dead or
沒能完成也是
Dead 死
盡力盡力啊
拚命
哦喔喔喔喔喔
（註）天敵也很多
啪
咕

所謂結婚飛行是？

在空中舉行大規模相親活動。雖然會因為種類或地域而有差異，不過常見的物種經常是在春天到初夏雨後的隔天進行

由於蟻后很重，所以是從草的上面起飛
接二連三

雄蟻會陸續死亡，而新蟻后在交配之後翅膀會掉落，馬上開始築巢及產卵

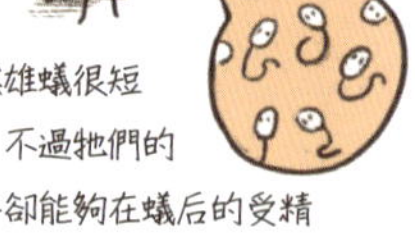

雖然雄蟻很短命，不過牠們的精子卻能夠在蟻后的受精囊中存活幾十年

樹洞爭奪戰 之一

樹洞

樹上的洞，會成為動物們睡覺的地方或巢穴

中型樹洞使用案例之一

啄木鳥在樹上打洞

白頰鼯鼠把木頭腐爛變軟的部分，咬得更大

樹洞爭奪戰 之二

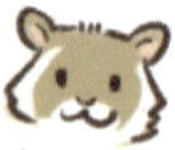

白頰鼯鼠身體大小的樹洞也很受其他動物喜愛

其他的樹洞愛用者，都很感激會囓咬樹洞的白頰鼯鼠

樹洞爭奪戰 之三

Zzz
哼
我還有其他的別墅！
裡面有人
白鼻心
佛法僧
Ge～
噗—哇
虎頭蜂
呀—
灰椋鳥
沒地方睡覺？
人類的聚落有個好地方喔
什麼
有人類！怎麼可能會有好地方呢？
好像不錯……

放門板的縫隙……再次出現

白頰鼯鼠有好幾個睡覺的巢

今天是這裡！

假如是在有人煙的地方，有時候也會使用人工物

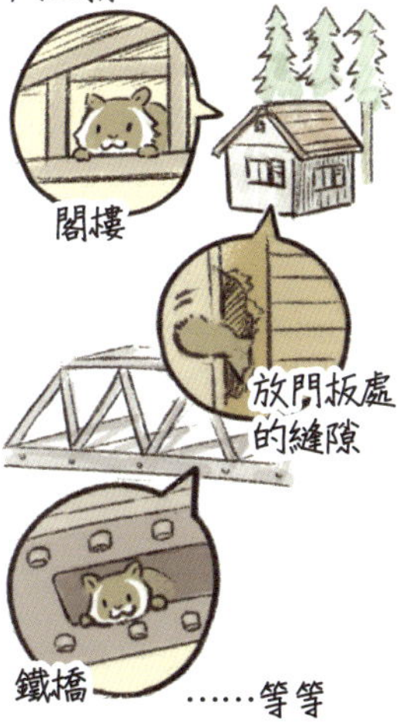

閣樓
放門板處的縫隙
鐵橋
……等等

沫蟬流 水遁之術

哇啊，好髒啊！
黏答答
是誰!?
在這裡吐痰
不是啦，有「蟲」在裡面喔
什麼？蟲!?
你看，泡泡中不是有蟲子嗎？
真的耶
那這些泡泡是什麼？
這個？
是這隻蟲的尿啊！
果然好髒！

※實際上幾乎都是水，所以並不是不乾淨的東西

半翅目 尖胸沫蟬科

梅雨時期，草的上面經常會有泡泡黏著。泡泡能夠成為防止外敵入侵的屏障，也能夠成為藏身的場所

幼蟲

從植物吸到的汁液製造泡泡
以尾部前端呼吸

成蟲

※白帶尖胸沫蟬

成蟲的外觀跟蟬很像

日本三大鳴禽其中一種
日本歌鴝

雀形目
鶲科

棲息在山地的夏候鳥
鳴唱聲很好聽
是日本三大鳴禽中的一種

↓三大鳴禽的另外兩種

※日本歌鴝的日文名直翻是陀螺鳥

想被踩踏的植物 車前草

車前科 車前屬

車前草維管束很強韌
即使在人來人往的地方也能生存

雖然被踩踏，但可以減少競爭對手
也能讓種子附著在鞋底帶往別處

2020年春
被踩得不夠！
再……
再多踩一下！

靜………
有人在嗎？
新冠肺炎期間大家自主管理中

在路邊經常可見。維管束很強韌，被踩踏也不容易斷裂

雄蕊
沒有花瓣而不起眼

植株很矮，在草叢中不容易被看見

長高
踩我踩我
長高

春天的神祕之音
童氏優草螽

直翅目 螽蟖科

雖然只要聽到蟲的鳴叫聲就會想到秋天,但本種卻在5～6月會「唧—」的鳴叫

童氏優草螽日文名直譯為「頸切優草螽」,源自脖子很容易斷掉

蟲子本身很不容易被發現,幾乎所有人都以為是電線桿或其他東西發出的聲音

鳥兒們的女兒節※之一

長尾山雀幼鳥

雀形目 長尾山雀科

剛離巢的幼鳥們還不擅於飛行，沒辦法飛得很好，會排成一排等待親鳥餵食

通稱！

可以排到**10隻**左右！

即使變為成鳥，晚上也經常像糰子那樣擠在一起

※譯註：女兒節的日文是「雛祭」，在這裡雙關表示很多雛鳥就像祭典一樣熱鬧

長尾山雀的動作像運動選手一樣靈巧

鳥兒們的女兒節之二

小鸊鷉幼鳥

鸊鷉目鸊鷉科

很擅長潛水的小型水鳥。會製造浮巢育幼

母鳥會把幼鳥「**揹在**」背上育幼

鳥兒們的女兒節之三

金背鳩幼鳥

鴿形目 鳩鴿科

哺乳類的場合
媽媽，我肚子餓了啦～給我喝奶
好，好，來吧，兒子
鴿子的場合
媽媽，我肚子也餓了，給我喝奶
真是沒辦法呢～
好吧，來啊
喔呃
喔呃呃呃呃呃
真夠野啊……

鴿乳

你的乳汁是從哪裡來？

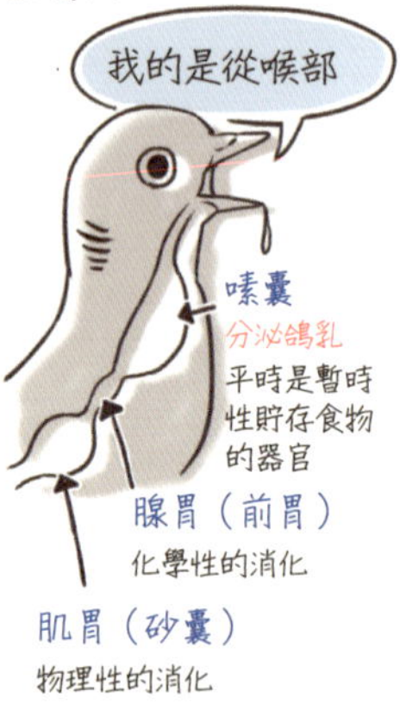
我的是從喉部
嗉囊
分泌鴿乳
平時是暫時性貯存食物的器官
腺胃（前胃）
化學性的消化
肌胃（砂囊）
物理性的消化

多虧了營養豐富的鴿乳，鴿子一年到頭都能夠繁殖。順帶一提，**雄性也能夠分泌**

鳥兒們的女兒節之四

北方鷹鵑幼鳥

鵑形目 杜鵑科

嗶咿咿咿
嗶咿咿咿
好，好，吃飯了喔
有三個小孩就會很忙呢！
嗶咿咿咿
得要找更多、更多的食物才行
…
喙部（假）
喙部（假）
計畫通

翼角看起來很像喙部

北方鷹鵑和杜鵑是同類，都會托卵，

把育雛的工作強加給白腹琉璃或藍歌鴝、藍尾鴝等

啊—
這真的是我的孩子嗎？

對於比自己還要巨大的幼鳥，親鳥還是很堅強勇敢的持續餵食……

Column

守護剛離巢的幼鳥

剛離巢的幼鳥還不太擅長飛行，以及覓食和逃離天敵，而這也是從親鳥學習這些生存方式的時期。但是在看到這些柔弱的離巢幼鳥時，很多人會好心想要幫牠們的忙。特別是每年 5 ～ 8 月鳥類繁殖期，動物園、派出所、動物醫院等，都會很頻繁的收到許多被**誤認需要救護**的離巢幼鳥。

剛離巢的幼鳥特徵（麻雀）
還留有「絨羽」
尾羽短
不太會站
顏色比成鳥淺

討厭的人類，走開啦！
得幫忙才行
完全沒有警戒心
啾！
有時候也會被其他的動物吃掉……，不過那也是大自然的正常情況。
親鳥通常在附近

日本野鳥の会
みまもって!

為了要減少這樣出自善意的誤認救護，以日本野鳥學會等為中心，已經舉辦宣導活動超過 **20 年**，但好像還是不太廣為人知。

經常被撿到的幼鳥們
家燕
棕耳鵯
灰椋鳥
白頰山雀
金背鳩

夏

Summer

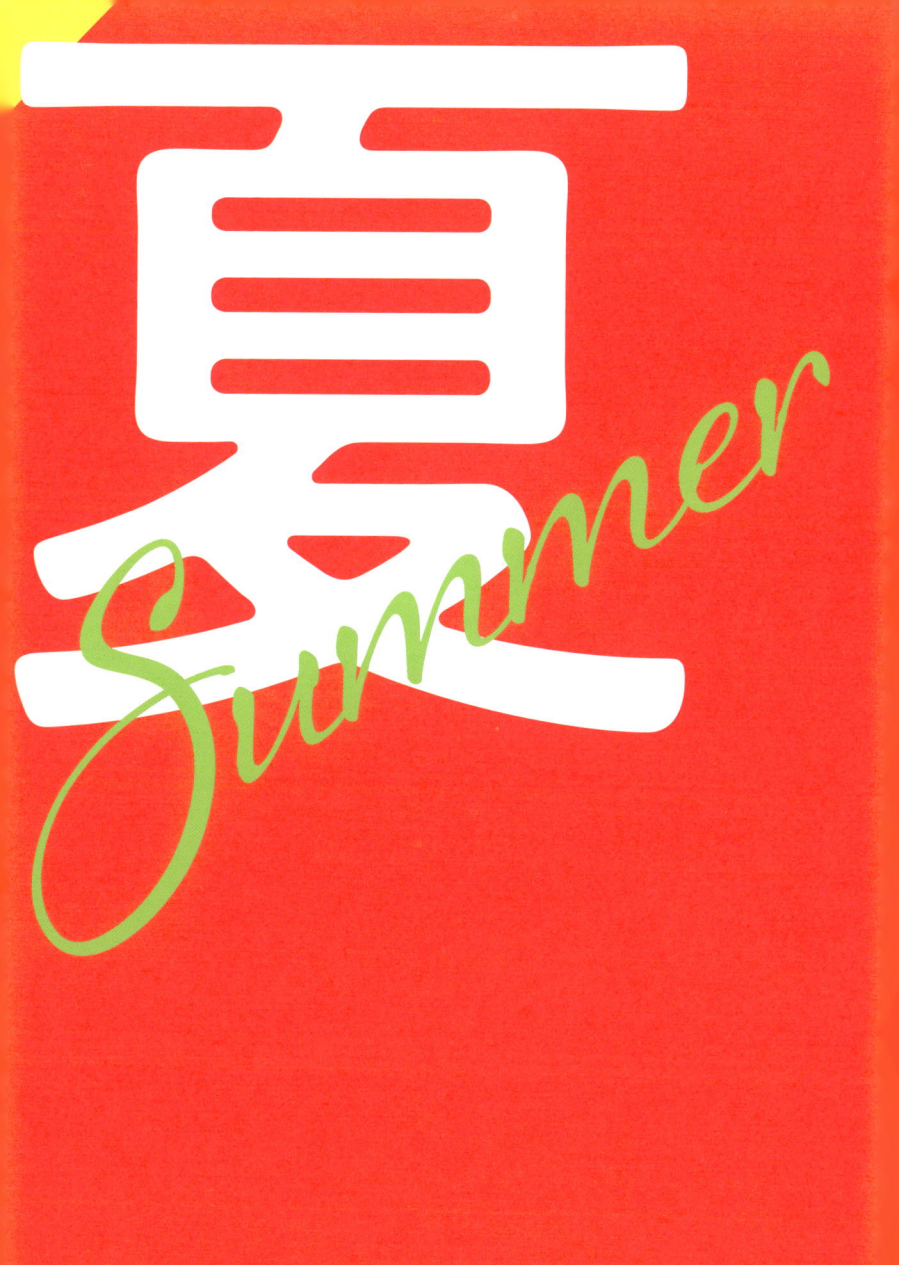

今天是好天氣 之一

哎啊……最近的天氣真是不好呢
喂！今天是個好天氣喲
什麼!?
真的是好天氣嗎!?
颯唰唰唰唰唰唰唰
真的是好天氣耶♪

日本樹蟾

無尾目
樹蟾科

鼻尖很短

由於很怕乾燥，白天經常把身體縮成一團靜靜待著

把手腳折起來

在濕度升高的時候就會變得活潑，增加在白天也能夠被看見的機會

在下雨前會鳴叫
呱啊呱啊

今天是好天氣 之二

天氣這麼好，來賞花吧！
真棒呢！
天氣這麼好，來唱歌吧！
呱啊
呱啊
呱啊
呱啊
再來一次！
天氣這麼好，來抓蟲吧!!
舔舔舔
開吃吧！
蟲……沒半隻呢……
因為……在下雨吧

在梅雨季時可以看到的花

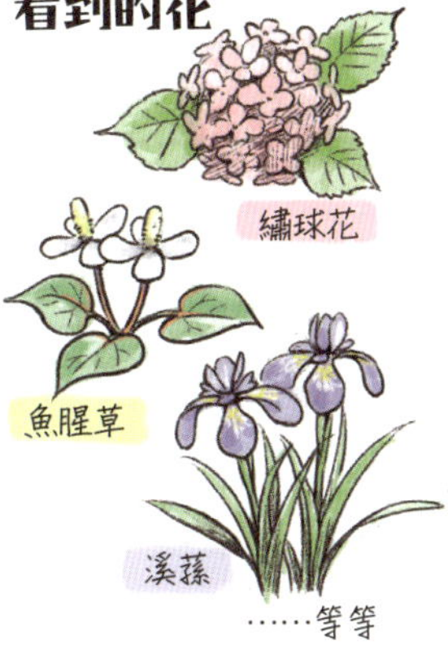

繡球花
魚腥草
溪蓀
……等等

雨蛙的合唱

根據近年來的研究，發現牠們在鳴叫的時候會注意不要彼此的聲音重疊，或是會同時暫停休息

呱啊
呱啊
呱啊
安靜無聲

下雨天時，蟲子都在哪呢？
好像是在葉片的背面呢
哼嗯……
哇⁉糟了！
哎…哎呀…！
翅膀濕掉了沒辦法飛
不動的話就無法辨識
沒有蟲耶

今天是好天氣 之二

雨天時的昆蟲

因為氣溫變低，而且身體或翅膀淋濕不容易飛行，會躲在陰影處

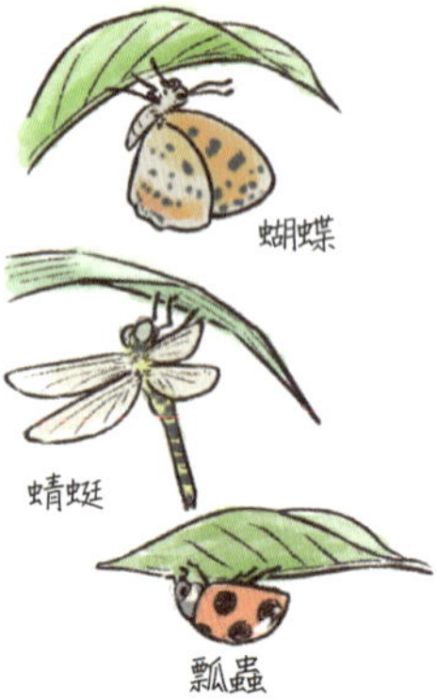
蝴蝶
蜻蜓
瓢蟲

青蛙的視覺

雖然對於動的東西很敏感，但是對於不動的東西好像就無法辨識那是不是食物……

?
沒有針的假餌也能夠釣到牠們

蚯蚓為什麼會到地面上？

蚯蚓

環節動物門貧毛綱

一般認為在日本有 100 種以上的蚯蚓。平時在生活周遭看到的蚯蚓幾乎全都是屬於巨蚓科

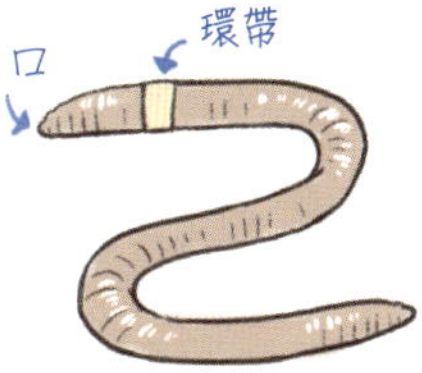

日文名據說是源自沒有眼睛，眼睛看不見

一般認為在劇烈降雨後，地裡的二氧化碳濃度變高，蚯蚓因為呼吸困難而鑽出地面

繡球花的招牌之一

乍看很像花的山繡球裝飾花
在周圍很醒目
不具有花的繁殖功能
但是，裝飾花也扮演著重要角色……
店都沒開嗎？
啊
嘿，來吧！
有開有開
一看就知道呢！
謝謝惠顧！
就像店鋪的招牌

山繡球

八仙花科八仙花屬

圓滾滾繡球花的原種，日文名來自裝飾花看起來很像畫框

裝飾花
看起來很像花瓣的是萼片，中央雖然有退化的花但是不會結實。一般認為裝飾花具有吸引昆蟲的功能
真花
內側才是有雄蕊和雌蕊、具有繁殖功能的兩性花，可以結實

※為了容易看清楚而畫不一樣的顏色

繡球花的招牌 之二

有各種各樣的客人前來造訪
這是昆蟲餐廳呢♪
也有些來客是以客人為目標
啪
蜘蛛
這是昆蟲餐廳啊～♪
哇啊啊啊
今天繡球花也有開嗎？
嗡～嗡
咦？
招牌撤下來了……
沒開了嗎？
今年結束囉，謝謝惠顧！
當花期結束後，招牌會翻下來

在真花的花期快要結束時，就像要關店一樣，周圍的裝飾花會翻過來

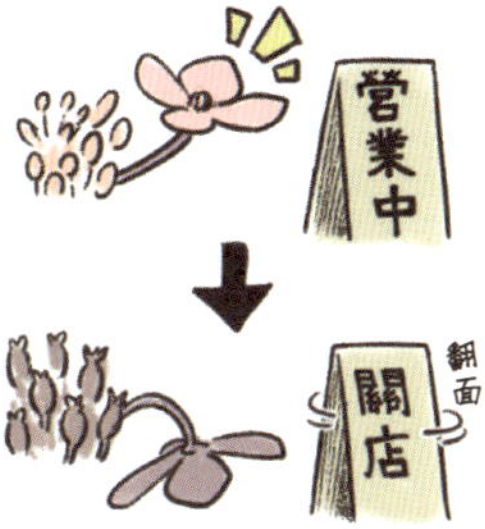
營業中
關店
翻面

人們對山繡球進行品種改良，讓它們全都是裝飾花

初夏的風物詩 源氏螢

鞘翅目螢科

雨蛙
有夜景很美的地方喔
我可以帶你去，寶貝
是嗎~好期待♥
是什麼樣的地方呢？
蟈囉蟈囉蟈囉囉……
蟈囉蟈囉……
呼—呼—
怎麼樣啊？很棒的地方吧？
哇啊……
真的是好棒的地方呢♥有好多好大的……
咦!?
啊，嗯……

發光螢火蟲的代表物種。初夏的夜晚，在生態豐富的小河邊可以看到牠們飛舞

幼蟲捕食川蜷而成長

川蜷只能在乾淨的河川裡存活

裝著初夏風物詩的袋子
紫斑風鈴草

桔梗科 桔梗屬

嘿！
這個花
你知道嗎？
哎呀，
好可愛
的花♥
顆顆，
我跟你說
一個小秘密
只要把
那隻蟲放到
花裡面去…
就會變得非常
夢幻喔！
Fantastic!
喔～
那一定會
超棒呢♥
嘶……

據說是因為把螢火蟲裝進花裡面玩而得名※

由於花的內側密生細毛，真的要把螢火蟲裝進去並不容易

※譯註：紫斑風鈴草的日文名直譯為「螢袋」

樹上不一定很安全 之一

森綠樹蛙

無尾目 樹蛙科

森綠樹蛙是在日本（本土）的蛙類中
♪嘓囉嘓囉♪
♪嘓囉嘓囉♪
♂會鳴叫呼喚♀
哎呀，這首歌真棒
唯一在樹上產卵的青蛙
美麗的姑娘
要不要跟我配成一對呢？
好的，是我的榮幸♥
我覺得那個地方應該不錯
啊，原來是我要揹呢……

幾乎一直在樹上生活的青蛙（偶爾會為了把身體弄濕而來到水面）

擠壓腹部
催促產卵

♀的數量比♂少，在前往產卵地點的途中，雄性會接二連三抱上去

樹上不一定很安全 之二

虎斑頸槽蛇

有鱗目 黃頷蛇科

當雌性產卵時，雄性就會陸續過來
也讓我加入吧！
呃！
我也要！
那我也要！
後腳打泡泡
等、等一下！停下來！
因為超重了！！
咦？
咦？怎麼變輕了⋯
？
嗯？你為什麼在那種地方⋯？
救救我啊！

由於在產卵時毫無警戒，很容易受到攻擊

在河川或農田等水邊經常可見

最喜歡吃青蛙

雖然帶有毒性，但基本上

很溫馴

而且毒不容易進到體內，人類極少受害

樹上不一定很安全 之三

赤腹蠑螈

有尾目 蠑螈科

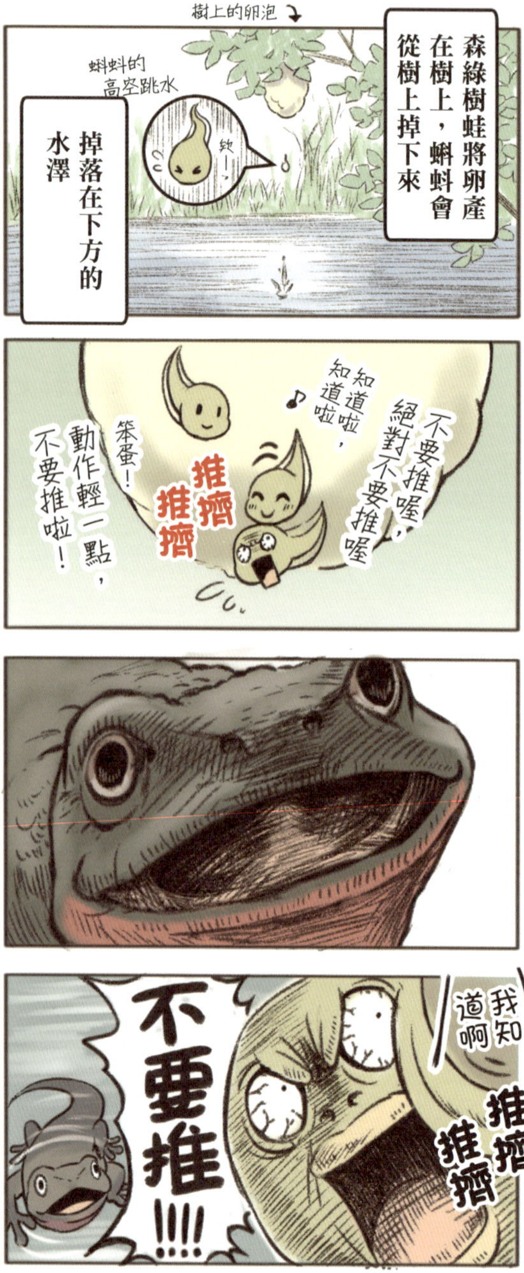
樹上的卵泡
森綠樹蛙將卵產在樹上，蝌蚪會從樹上掉下來
蝌蚪的高空跳水
掉落在下方的水澤
不要推喔，絕對不要推喔
知道啦知道啦，♪
推擠推擠
笨蛋！動作輕一點，不要推啦！
我知道啊
推擠推擠
不要推!!!!

和森綠樹蛙棲息在相同環境的兩生類

嗚哇哇哇
蝌蚪
肚子餓了
啊—

經常會在森綠樹蛙的卵泡下等待

蝸牛也有個別的名字

三線條蝸牛

柄眼目扁蝸牛科

蝸牛總是很悠哉呢
怒
真的很悠閒呢～
補給鈣質中
我只是沒辦法動得很快而已
我明明就很熱情活潑啊……
喂，你們！
看到蝸牛就覺得應該要慢活
梅雨季難得放晴
沒錯沒錯，生活真的應該要放慢步調呢！
不知道該哭還是該笑

名字的由來是

「具有三條線」

1
2
3

有的只有一條或兩條色帶，也有的個體完全沒有色帶

日本大約有 800 種蝸牛

※「蝸牛」是這個大類的通稱

不防守戰術

瓦倫西亞列蛞蝓

柄眼目 蛞蝓科

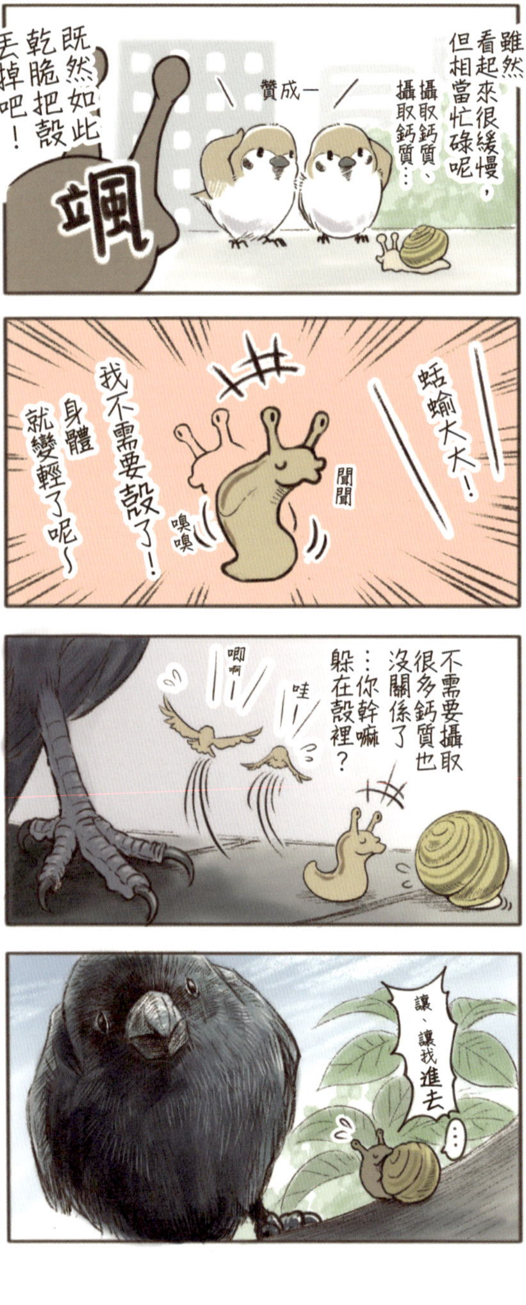
雖然看起來很緩慢，但相當忙碌呢
攝取鈣質、攝取鈣質…
贊成～
既然如此乾脆把殼丟掉吧！
颯
蛞蝓大大！
聞聞
嗅嗅
我不需要殼了！
身體就變輕了呢～
不需要攝取很多鈣質也沒關係了
…你幹嘛躲在殼裡？
哇
咿啊
讓、讓我進去
…

背上有 2～3 條線
（也有些個體的線不清楚）

有薄的甲殼

雖然是日本最普通常見的蛞蝓，卻是外來種

蛞蝓在演化上是比蝸牛更新的物種

蝸牛
進化！
蛞蝓
連狹窄的地方都進得去，不需要為了殼攝取營養

也很受鳥兒歡迎的蝸牛，理由是？

吓
轟隆隆叩啵
給咕嚕嚕……
打雷聲嗎？
……不
肚子
嗨，
嗨哎……
烏鴉大人，
現在是
繁殖季吧～
……
為了產卵，
這、
這是有必要的吧……
鈣質
整團的鈣質
你這傢伙!!
我可是……
雄性呢
♂

蝸牛是繁殖期野鳥

重要的鈣質
補給來源

鳥蛋的殼大約有 95%
是碳酸鈣

鳥為了要飛翔，必須讓身體變輕，很難在體內儲存大量的鈣，
所以繁殖期必須經常攝取鈣質

Column

蝸牛的飼養方法

尋找蝸牛

・在梅雨時期時很活潑，容易找到。
・在樹幹或磚牆、石牆上很容易找到。
＊不太會出現在繡球花的葉子上。

噴霧器

蝸牛喜歡潮濕，
每天都要噴濕。

蓋子（透氣性好的產品）

昆蟲飼養箱
很適合

木棒或小石頭

由於很常到處活動，
放進去比較好。

土

放進去讓蝸牛產卵用
（為了不要翻倒，要使
用重量在一定程度以
上的容器）。

食物

・高麗菜等蔬菜
・蛋殼或貝殼
（用來補給鈣質）

很常吃高麗菜、紅蘿蔔、蘋果等蔬菜水果。
＊喜好會依種類或個體而有些許不同。

底質的材料

使用廚房紙巾，方便清潔糞便。
＊如果考慮保溫或保濕，以土較為理想。

觀察繁殖

雌雄同體，放兩隻以上會產卵。

卵

一次會產 30 ～ 40
顆卵

蝸牛的寶寶

剛從卵孵化出
來時，就已經
有殼了。

飼養時要注意

・蝸牛的密度太高，殼會不容易成長，或容易生病。以上圖那樣的飼養箱為例，飼養 2 ～ 3 隻較佳。

・在飼養狀態下不容易有夏眠或冬眠的情況。在充分觀察後，到了梅雨季快結束時，最好把牠們放回當初採集的地方。

家裡的野生動物 之三

塵蟎類

蜱蟎目 塵蟎科

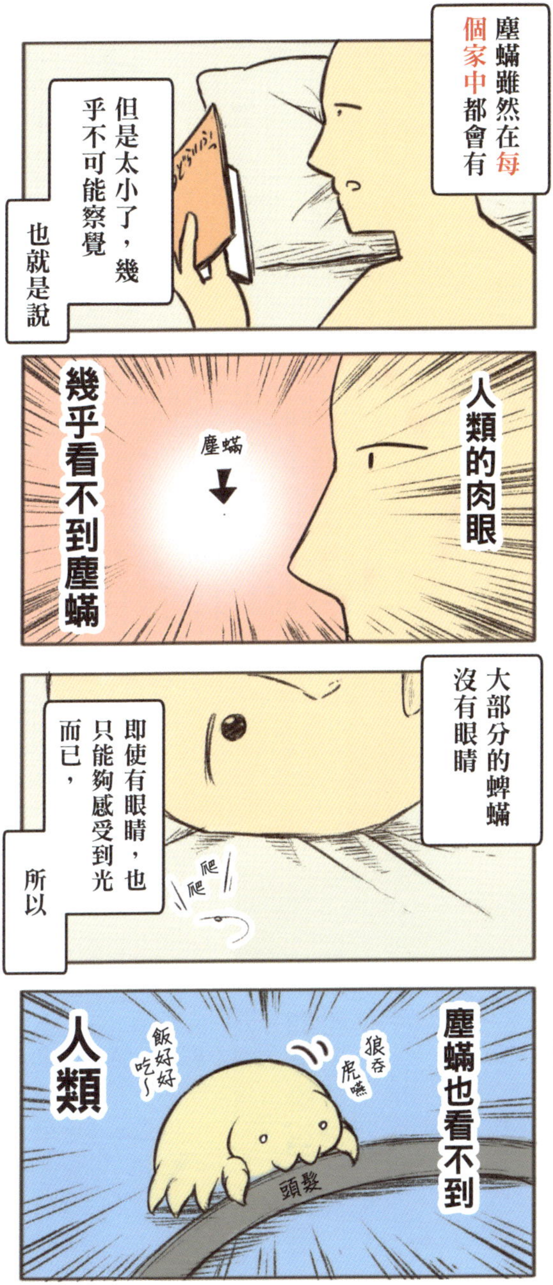
塵蟎雖然在每個家中都會有
但是太小了，幾乎不可能察覺
也就是說
人類的肉眼
塵蟎
幾乎看不到塵蟎
大部分的蜱蟎沒有眼睛
即使有眼睛，也只能夠感受到光而已，
爬爬
所以
塵蟎也看不到
狼吞虎嚥
飯好好吃～
頭髮
人類

在室內最多的蟎。以掉落的頭髮或身上的污垢、頭皮屑等為食

塵蟎
體長
0.1～0.4mm
10
平成十六年

瞪大眼睛緊盯的話，還是有可能看得見（使用市面上販賣的工具組也可以簡單觀察）

哈啾

雖然不會叮咬，但是牠們的屍體可能會讓人過敏

家裡的野生動物 之四
肉食蟎類

蜱蟎目 肉食蟎科

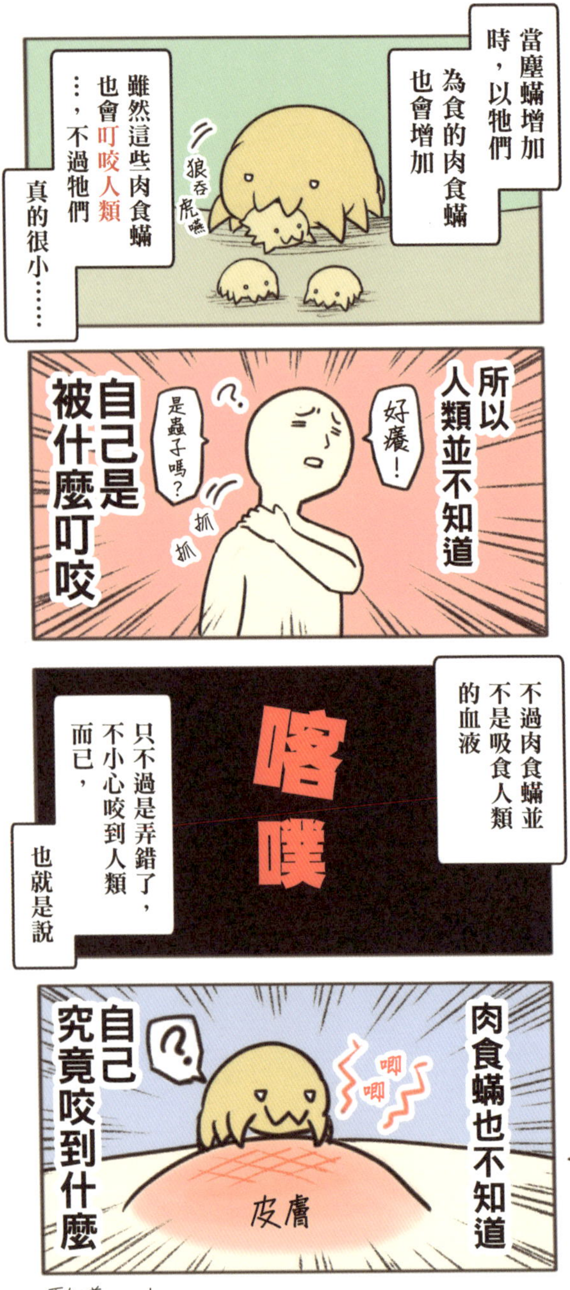
當塵蟎增加時，以牠們為食的肉食蟎也會增加
狼吞虎嚥
雖然這些肉食蟎也會叮咬人類……，不過牠們
真的很小……
所以人類並不知道
好癢！
是蟲子嗎？
抓
抓
自己是被什麼叮咬
不過肉食蟎並不是吸食人類的血液
喀噗
只不過是弄錯了，不小心咬到人類而已，
也就是說
肉食蟎也不知道
唧唧
皮膚
自己究竟咬到什麼

不知道……！

正如日文名所示，牠的爪子很大

由於會吃其他的蜱蟎，所以只要塵蟎等增加，本種也會增加

好吃－
好吃－
人的垃圾
塵蟎
肉食蟎

只要家裡沒有寵物或老鼠，以及生物相關從業人員帶進來的話，基本上不會有吸血性蜱蟎

喲嗒
給我血！！

硬蜱或禽刺蟎

稍微 可能會有幫助的蜱蟎知識

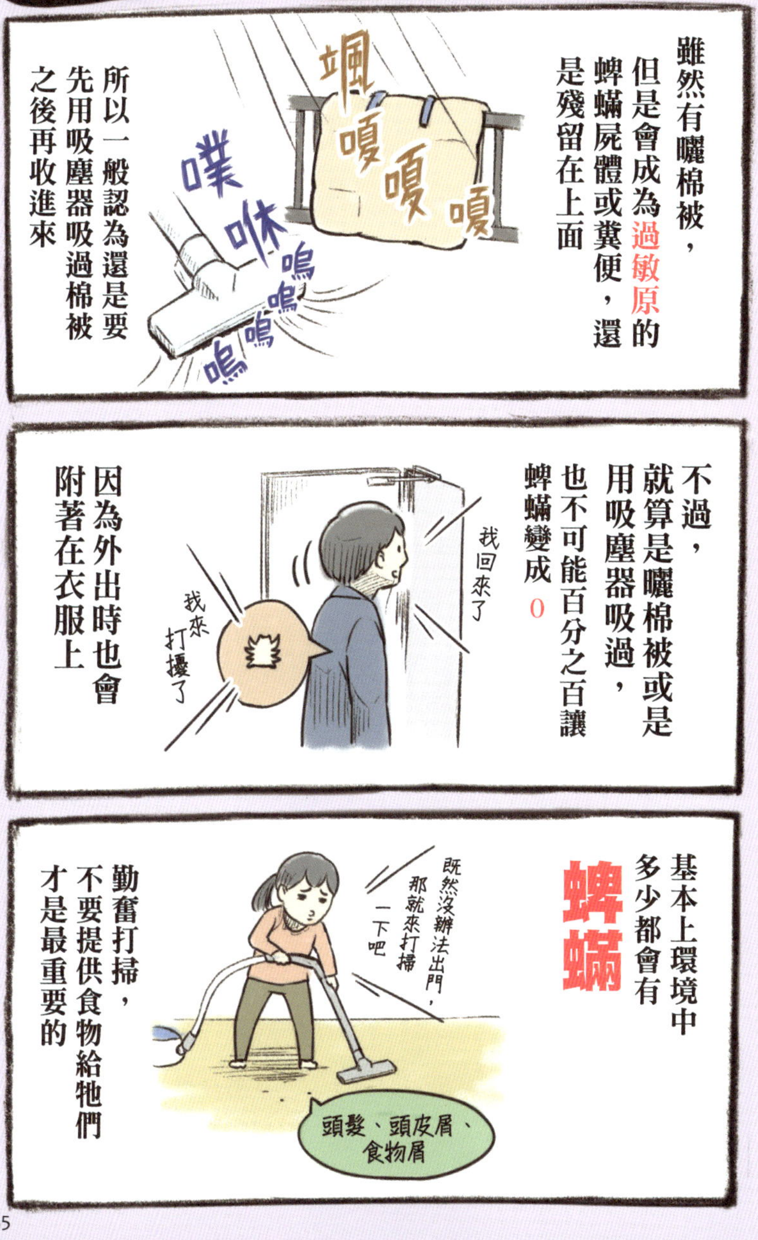
雖然有曬棉被，
但是會成為過敏原的
蜱蟎屍體或糞便，還
是殘留在上面
颯
嗄
嗄
嗄
噗
咻
嗚
嗚
嗚
嗚
所以一般認為還是要
先用吸塵器吸過棉被
之後再收進來
不過，
就算是曬棉被或是
用吸塵器吸過，
也不可能百分之百讓
蜱蟎變成0
我回來了
我來打擾了
因為外出時也會
附著在衣服上
基本上環境中
多少都會有
蜱蟎
既然沒辦法出門，
那就來打掃
一下吧
頭髮、頭皮屑、
食物屑
勤奮打掃，
不要提供食物給牠們
才是最重要的

日本最小的老鼠
巢鼠
囓齒目
鼠科

會在芒草或茅草上築巢，
放眼世界也是很稀奇的
老鼠

體重和500日圓硬幣
差不多重（7g）

如果不小心把巢弄掉了，
只要悄悄放回原本的場
所附近就好，
媽媽會把牠帶到安全的
場所去

螞蟻們的死亡陷阱 之一

最近這附近……
發生很多失蹤事件哩！
討厭！好可怕喔
真的喲～
咦？到哪裡去了？
牠先回去了嗎？
砰
咚

黃腳蟻蛉（幼蟲）

脈翅目

蟻蛉科

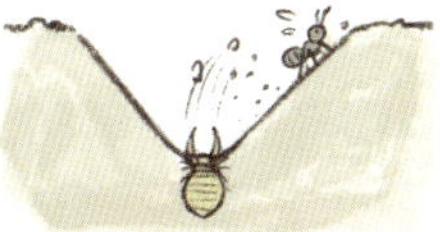

別名 **蟻獅**

會在雨淋不到的屋簷下、土質乾爽的地方築巢

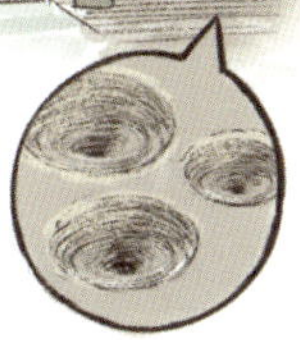

螞蟻們的死亡陷阱 之二

喂！
我抓到好大的獵物喔！
哦哦，真是相當大的獵物呢
唏唏
唆唆
有這麼大的話，
就足夠用來餵飽孩子們了
這隻蟲
在這個時期很常看見呢
轟
隆
隆
隆
隆
究竟是從哪裡來的呢…？

黃腳蟻蛉的生活史

幼蟲（蟻獅）會花2～3年成長、結繭

1齡
2齡
3齡

巢穴及捕捉到的獵物也有變大的傾向

↓

在梅雨季的時候會製造土糰子般的繭

↓

成蟲大概**一個月左右**就會死亡

在土中產卵

和我們最近的蟬 日本爺蟬

半翅目 蟬科

滋滋滋
滋滋滋滋滋
雄性的蟬在呼喚雌性時，會死命地鳴叫
滋滋滋滋滋滋
（翻譯）徵求新娘子！
但是，一旦有雌性出現在眼前的時候……
啪
搭
♂
♀
!
滋……滋滋滋
滋滋滋…
接近時卻很謙虛
戳戳
滋滋……
悄悄地—

日本爺蟬的日文名直譯是「油蟬」，據說是因為牠們的鳴叫聲和油炸東西的聲音很像

＊也有別種說法

滋滋滋滋
滋滋滋滋
油

額外說明 雄蟬(♂)的求婚

當雌性不中意雄性的時候，就會拍打翅膀表示不喜歡
噗嚕嚕
NO!
基本上很低姿態
啊
對對，對不起
不知道為什麼，有時候不同種類的蟬，或同樣是雄性也會交配
滋——滋滋
……
驚
我原本想要求婚的原來是雄性
*只有雄性才會鳴叫
成蟲的壽命大概只有一個月左右……
據說大約有4成的雄性沒有交配就死亡了
怎麼會這樣
我都已經在地裡等4年了耶……
*根據蟬的種類及營養狀態，在地裡的時間也不同
嗚喔
我還不想死！
噗噗噗噗
最後的垂死掙扎
蟬炸彈

蟬鳴聲很大、很吵，有些人不喜歡
但是只要了解蟬的各種知識，應該可以減少對牠們的排斥

汪汪汪
汪汪
哇！院子裡有狸貓！
真的耶！好可愛❤
你盡量吃～♪
啪咕啪咕

世界性受歡迎的動物

狸貓

食肉目 犬科

雜食性，以小動物及昆蟲、樹實等為食

棲息在城鎮的個體會吃寵物的飼料，有時也會翻食垃圾

在日本有日本貉及蝦夷貉。對於生活環境沒有狸貓的外國人來說，牠們非常受到喜愛

So Cute!
狸貓

※譯註：貉的俗稱是狸貓

近年增加中的特定外來生物

浣熊

食肉目 浣熊科

跟狸貓長得很像，經常被認錯

在日本是引發重大問題的外來種

- 農作物被害
- 原生種被捕食
- 文化財的損害

……等等

牠們的名字源自於在水中尋找食物的動作，看起來很像在洗東西

狸貓
是我先發現的食物!!
浣熊
是我先發現的!!
呵—
呼—
這個外來者！回去你的國家!!
你們才應該要回去!!

狸貓和浣熊哪裡不一樣？

兩者很容易被弄錯，
但牠們有以下的差異

狸貓

耳朵邊緣黑色
尾巴短
雖然有五根指頭，
但腳印是四根
手腳是黑色

浣熊

＊特定外來生物

臉的正中央
有黑線
耳朵邊緣白色
五根靈巧的指頭

最容易分辨的是
尾巴有**條紋**

生活周遭的夏候鳥代表物種

黃眉黃鶲

雀形目 鶲科

吃苦吃苦波ー事
吃苦吃苦波ー事
已經是寒蟬出來的時間嗎？
夏天快要結束的感覺呢！
吃苦吃苦波ー事
是這附近嗎？
吃苦吃苦波ー事
吃苦吃苦波ー事

在低地也能看見的夏候鳥

外觀和聲音都很美

端正的眉
(♂)
比起樹梢，更喜歡在林子裡
喉部為橘色

平時是輕快清亮的歌聲（會被比喻成短笛）經常發出像寒蟬的聲音，但還不知道是不是在「摸仿叫聲」

吃苦吃苦波ー事
咻得可以

竹雞也很擅長類似這樣的鳴叫

聲音很大的特定外來生物

中國畫眉

雀形目 畫眉科

咦？剛剛是你在唱歌嗎？
是啊，我是黃眉黃鵐！
我喜歡這首歌！
吃苦吃苦波ー事
啊，這次應該是本尊了吧
吃苦吃苦波ー事
吃苦吃苦波ー事

眼睛周圍有像眼鏡般的白色斑紋

原產於中國的外來種

雖然鳴叫聲很好聽，但聲音很大，有些人可能會覺得吵

也是以摸仿別人叫聲而知名

讓人感覺夏天接近尾聲的 寒蟬

半翅目 蟬科

你們那是「抄襲」吧……
不、不！是受到啟發！啟發！
也可以說是致敬啦
吃苦吃苦波ー事
啊，這次聽起來真的是本尊了
啊—原來是紅尾伯勞！
果然您真的很擅長模仿呢
什麼啊，你們……
……
鳥類很可怕，於是噤如寒蟬

鳥類也會模仿的主打歌

TSUKU×TSUKU BO-SHI

作詞 作曲 寒蟬

前奏，逐漸變大聲

唧咿咿咿咿咿咿咿咿咿
唧咿唧咿嗡—唏

副歌

吃苦吃苦波一事
吃苦吃苦波一事
吃苦吃苦波一事
※反覆

強而有力、熱情

嗚咿—呀啊啊！
嗚咿—呀啊啊！
嗚咿—呀啊啊！

留有餘韻的感覺

唧咿咿咿咿咿咿咿咿咿
————…………

啊，會變成球形的蟲
那不是「不會變成球形」的蟲嗎？
我們戳戳看就知道了
會變成球形
→尋常球鼠婦
不會變成球形
→糙瓷鼠婦
戳戳
戳戳
咦？結果是「不會變成球形」的那種嗎？
啊，在肚子上抱著卵呢
那就不要吵牠了

非常受孩子們歡迎

尋常球鼠婦

等足目 球鼠婦科

雖然在日本是最常見的鼠婦，但其實是來自歐洲的外來種
是會幫忙吃落葉或動物屍體的森林清道夫

尋常球鼠婦和糙瓷鼠婦的不同

尋常球鼠婦
- 會縮成圓球狀
- 動作緩慢
- 有厚度

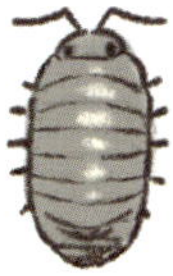

糙瓷鼠婦
- 不會縮成球狀
- 動作很快
- 扁平

 腹部有卵的時候就不容易變成球形

Column

鼠婦的飼養方法

尋找鼠婦

・在有落葉的潮濕處很容易找到
・石頭下或花盆底部等也是好地方

只要壁面很光滑，牠們就爬不上去。（※ 譯註：無法脫逃的意思）

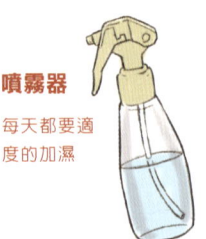

噴霧器

每天都要適度的加濕

飼養容器

昆蟲飼養箱、空瓶子、寶特瓶、裝熟食的空盒等都可以。

腐植土

鋪 2 ～ 3cm 左右，作為底材，也能當作食物。

落葉或樹枝

將落葉或樹枝放在飼養容器中，除了可當成牠們的食物以外，也能夠成為藏身之處。

食物

・落葉、小魚乾、高麗菜、紅蘿蔔、茄子等，基本上什麼都吃。

・一般認為偶爾給些能成為鈣質來源的東西也很好（蛋殼、寵物用的營養品等）。

飼養時要注意

・市面上販賣的蔬菜可能有農藥殘留，要清洗之後再拿來餵食。

・同樣是落葉，也有可能會有牠們不吃的種類，可以觀察牠們都吃哪些葉子。

例如：幾乎不吃樟樹的葉子。

也可以當成自由研究的題目！

鼠婦的實驗

鼠婦迷宮

利用牠們只要右轉後，下一次就會往左，不會兩次都朝同一個方向轉彎的習性所做的實驗，叫做交替性轉向反應。

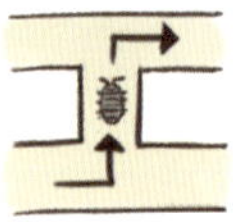

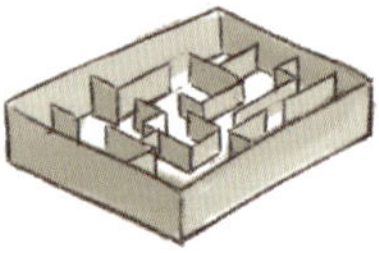

落葉分解實驗

觀察放進去的落葉，經過多少時間後會被分解，這是日本小學常做的實驗。

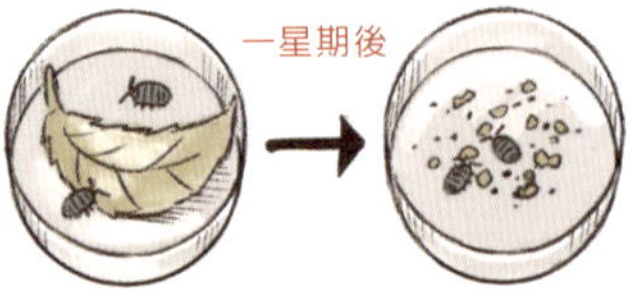

秋

Autumn

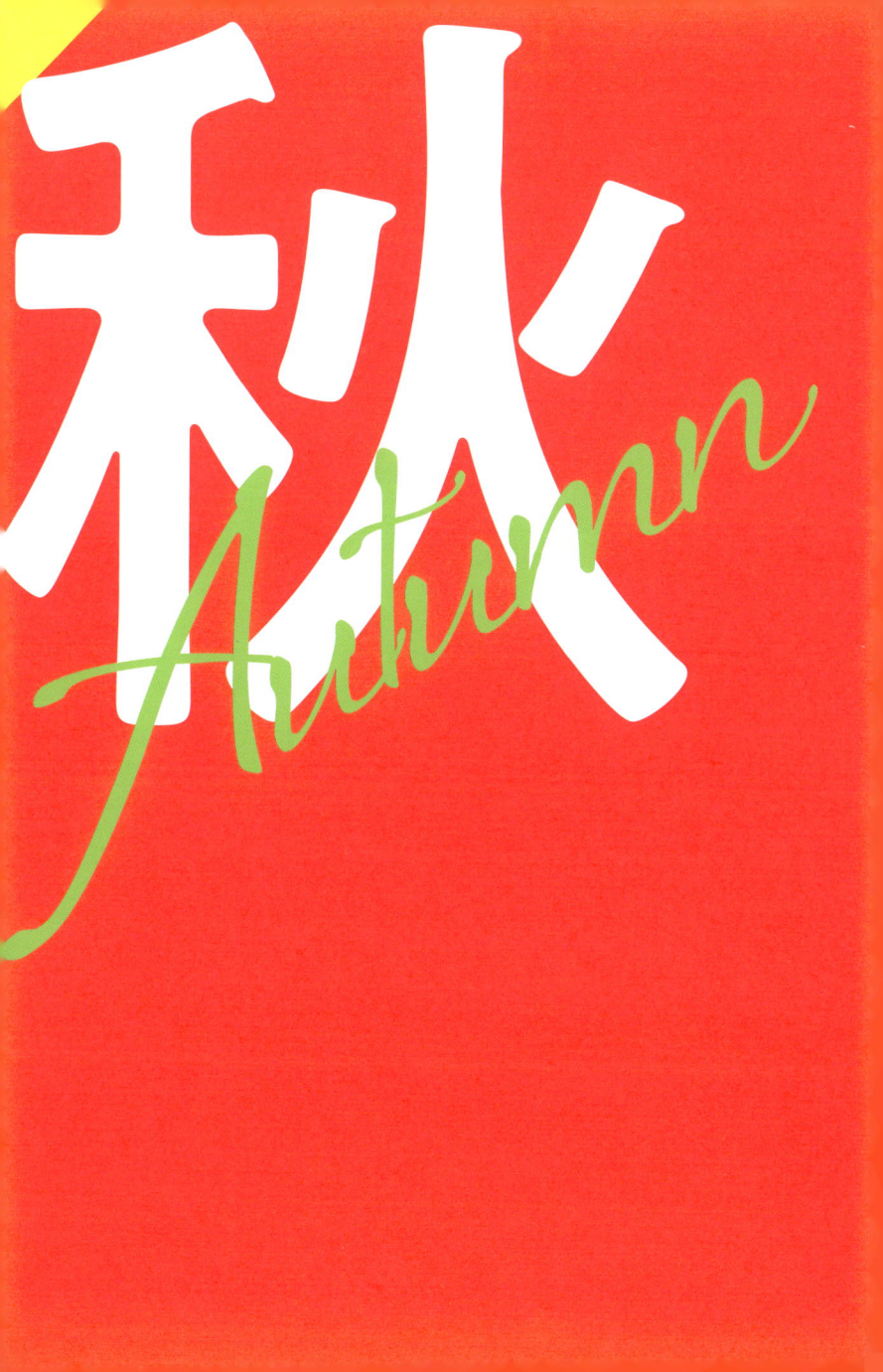

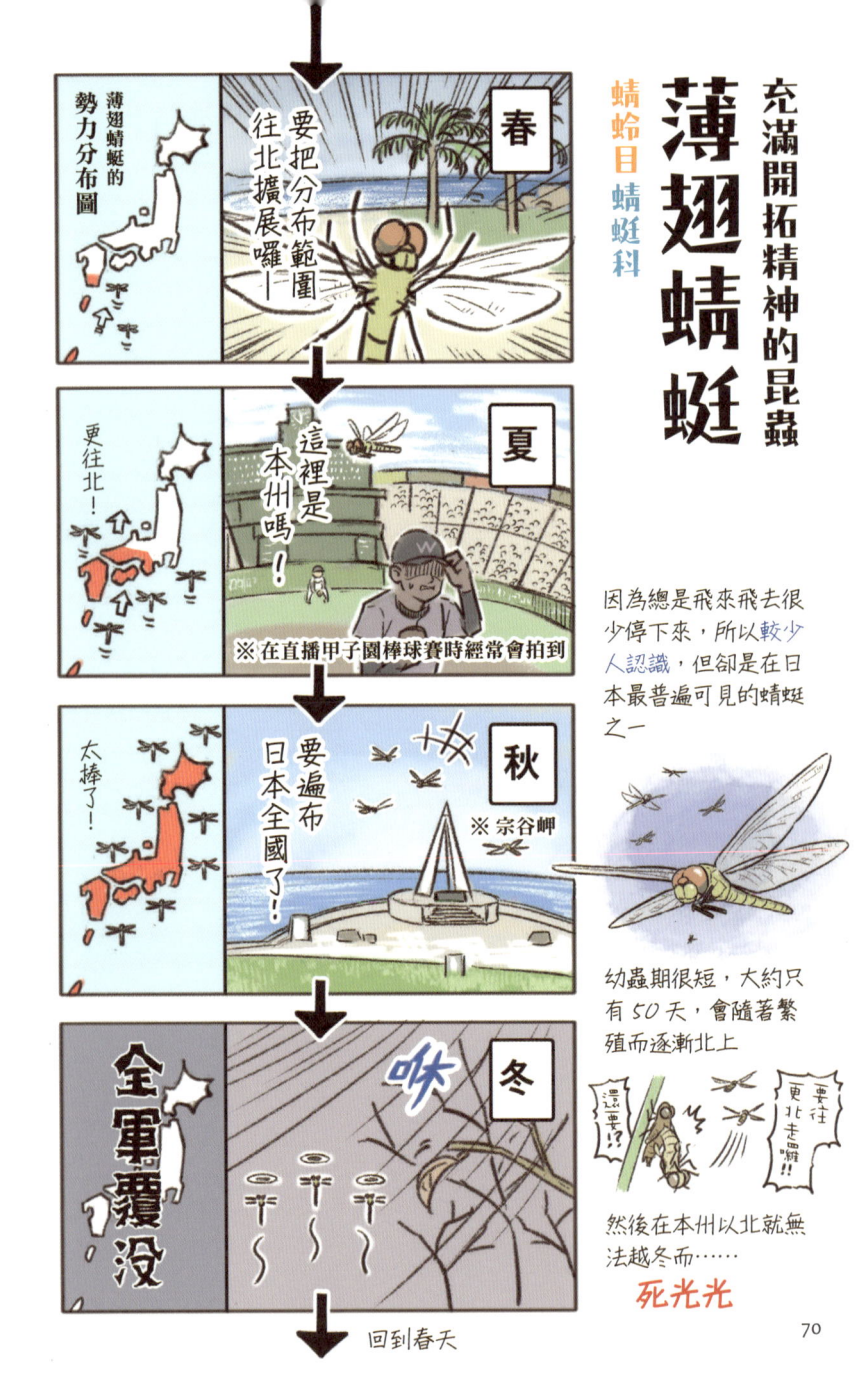

充滿開拓精神的昆蟲
薄翅蜻蜓

蜻蛉目 蜻蜓科

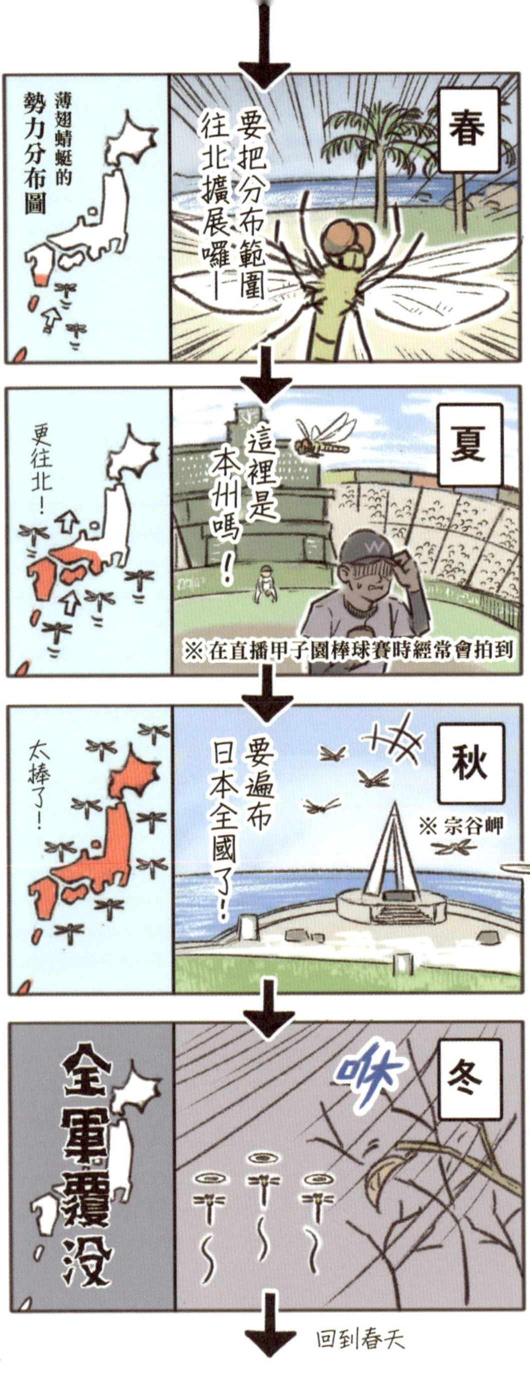
薄翅蜻蜓的勢力分布圖
春
要把分布範圍往北擴展囉—
夏
更往北！
這裡是本州嗎！
※在直播甲子園棒球賽時經常會拍到
秋
太棒了！
要遍布日本全國了！
※宗谷岬
冬
全軍覆沒
咻
回到春天

因為總是飛來飛去很少停下來，所以較少人認識，但卻是在日本最普遍可見的蜻蜓之一

幼蟲期很短，大約只有50天，會隨著繁殖而逐漸北上

要往更北走囉!!
還要！？

然後在本州以北就無法越冬而……
死光光

也很受動物歡迎的蜂

細黃胡蜂

膜翅目胡蜂科

雖然日文名中有著「虎頭蜂」的字眼，但是體型非常小

巢在地下，經常不小心就刺激到牠們

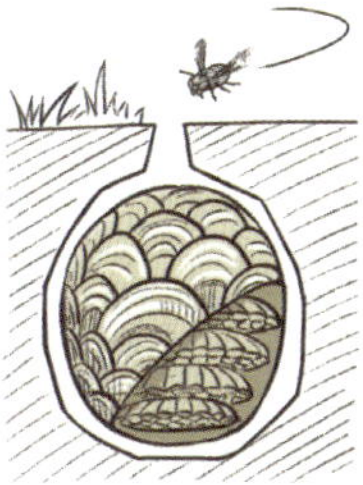

雖然虎頭蜂給人的印象很厲害、恐怖，但是天敵也不少

熊就是其中之一

最喜歡蜂類的老鷹 東方蜂鷹

鷹形目鷹科

叮
又有敵人來襲!!
我剛剛才把巢修理好的說!
(累)
呀!
我以為牠們只要滿足了就會回去…
討厭!快點回去啦!
喀颯
叩咚
也帶回去給孩子吧
啪颯
啪颯
蜂后娘娘昏倒了!

日文名直譯是「蜂熊」，但既非「蜂」也不是「熊」的鷹類。在日本是夏候鳥

頭部的羽毛呈鱗片狀，很堅硬
蜂鷹流防護衣
腳部的鱗片也很厚

會抓蜂巢中的幼蟲或蛹餵給雛鳥吃
育雛時期會配合蜂類的生活史

這是人類也會吃的營養滿分食物

觸摸就很危險?!之一 虎斑天牛

鞘翅目 天牛科

名字由來是身上有虎紋（虎斑）

一般認為是在

擬態成蜂類

幼蟲吃桑樹長大，多半在桑樹周圍可以見到

觸摸就很危險?!之二

食蚜蠅和牠們的同類

雙翅目 食蚜蠅科

幾天後ー
「蜂」有點可怕……
顫抖顫抖
你對「牠」出手了嗎……?
嗡
嗡
!!
裝死
…
那不是蜂啦

部分種類和蜂類長得很像

經常停在花上，看起來很像蜜蜂

蜂和虻

有許多在翅膀等分類學上的差異
眼睛是比較容易分辨的特徵

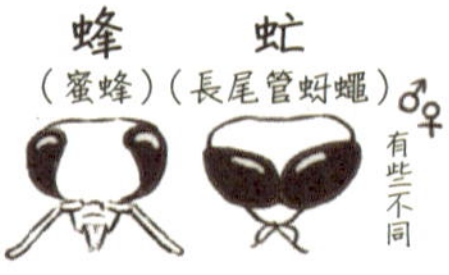
蜂
（蜜蜂）
虻
（長尾管蚜蠅）
♂♀
有些不同

虻的眼睛比較大

觸摸就很危險?!之三

透翅蛾和牠們的同類

雙翅目 食蚜蠅科

又是蜂!!
那是蜂吧？是吧!?
不，那應該是一種「蛾」吧～
牠說沒關係耶
你看!
長腳蜂

翅膀是透明的，所以有「透翅」的名字
有好幾種都長得和蜂類很像

赤腰透翅蛾

黃帶角透翅蛾

赤頸透翅蛾

葉片背面經常會有蜂或毒毛蟲，一不小心就會摸到

Column

你可能也被騙了？！

～周遭生物的擬態～

為了不被敵人發現，有些動物會擬態融入自然環境中，或為了嚇唬敵人而模仿成危險生物的樣子。

桑尺蠖蛾（蛾類幼蟲）
擬態成樹枝
長尾管蚜蠅
擬態成蜂
日本棘竹節蟲
擬態成樹枝
蟻蛛
擬態成螞蟻的蜘蛛
鳳蝶（若齡幼蟲）
擬態成鳥糞
黑端豹斑蝶（♀）
擬態成有毒的樺斑蝶
黃小鷺
隱藏在蘆葦中
遠東褐枯葉蛾
擬態成枯葉

挑戰遷徙一年級新生 之一

喂！燕郎！
你不好好遷徙的話，
就沒辦法升上二年級喔！
老太婆真囉嗦！
燕郎 家燕一年級新生
遷徙？太麻煩了 我要當留鳥
咕嘟 咕嘟
…？最近怎麼好像老是感到肚子餓…
怎麼了？
這個胸口的悸動…
怦咚 怦咚
怎麼了？
轟 轟 轟 轟 轟
這個充滿在體內的力量…
啊！？
我為什麼在海上！？

家燕

雀形目

燕科

無人不知的夏候鳥

秋天時會往東南亞方向遷徙

關於鳥類的遷徙還有許多未解之謎，但根據研究，可能是日照時間或荷爾蒙的作用讓牠們想要遷徙

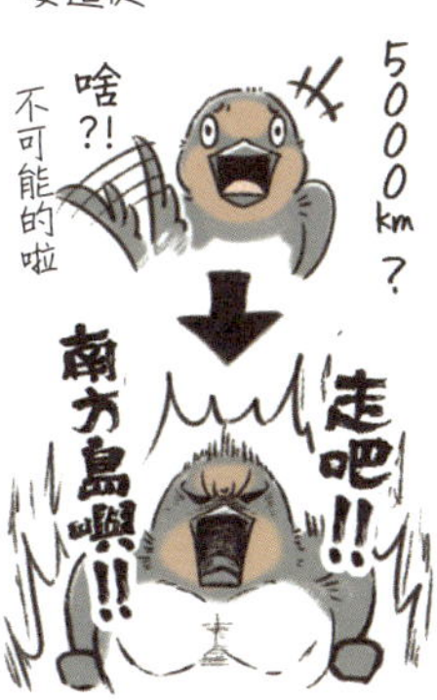

5000km？
啥？！
不可能的啦
走吧！！
南方島嶼！！

※牠們並不會真的變這麼強壯

挑戰遷徙一年級新生 之三

喔喝喔喔喔哦
既然如此，那就做給你看吧
喔呵喔喔
加油！
青斑蝶
咻啊啊啊啊啊啊
嘎啊
燕隼
啊啊啊啊啊啊
轟轟
喔喔喔喔喔
颱風
啊—咦—
累癱……
總算完成了……
!

簡單介紹

家燕
秋天的遷徙路線

詳細的遷徙路線還有許多不清楚的地方

日本也有在南方越冬的個體

從前有人以為家燕是在水裡越冬

撲通
你好

挑戰遷徙一年級新生 之三

東南亞
是陸地!!
哦哦，這不是一年級新生嗎？
真的很努力呢！
恭喜
恭喜
呵啊
呵啊
我絕對不要再……
累趴——
絕對不要再做什麼遷徙了!!
喘喘
喘喘
我一定要在這裡當留鳥！
隔年3月

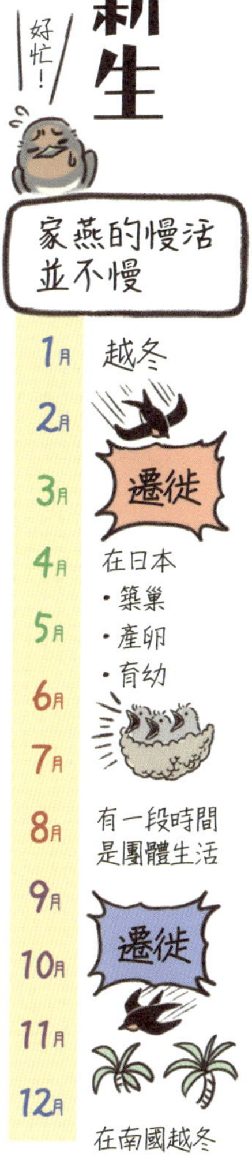
好忙！
家燕的慢活並不慢
1月
2月
3月
4月
5月
6月
7月
8月
9月
10月
11月
12月
越冬
遷徙
在日本
・築巢
・產卵
・育幼
有一段時間是團體生活
遷徙
在南國越冬

 我沒辦法不回日本！

渡海的里山猛禽類 之一

秋天
日本的某個岬
總算越過海峽了呢！
雌性
灰面鵟鷹
好厲害啊！
聚集了好多隻！
嗶咕咿——
灰面鵟鷹群
棕耳鵯群
嗶——呦
也有很多其他的鳥呢！
人類聚集
為什麼?!!

灰面鵟鷹

鷹形目鷹科

瀕絕危懼種

日本里山的象徵性猛禽類

秋天會形成鷹柱

成群遷徙

上昇氣流

在知名的觀察點，會聚集許多賞鳥者

他不會用那個打我們吧……?!
那個
啊!我知道這個人!
呱呱
呱呱
呱呱呱
呱呱呱
呱呱
咕咕咕
轟隆轟隆
!
!
啪
咕
微笑
他看起來很開心
什麼啊好可怕…

渡海的里山猛禽類 之二

雖然灰面鵟鷹也會待在山地，但卻特別喜歡山谷間有農田的環境

繁殖場所
我去工作囉
我回來了
捕獲食物
主要的覓食場所

主食是兩生類、爬蟲類、昆蟲類等小動物

青蛙
蜥蜴
昆蟲
蛇
……等

總之，里山是灰面鵟鷹**理想的育雛環境**

渡海的里山猛禽類 之三

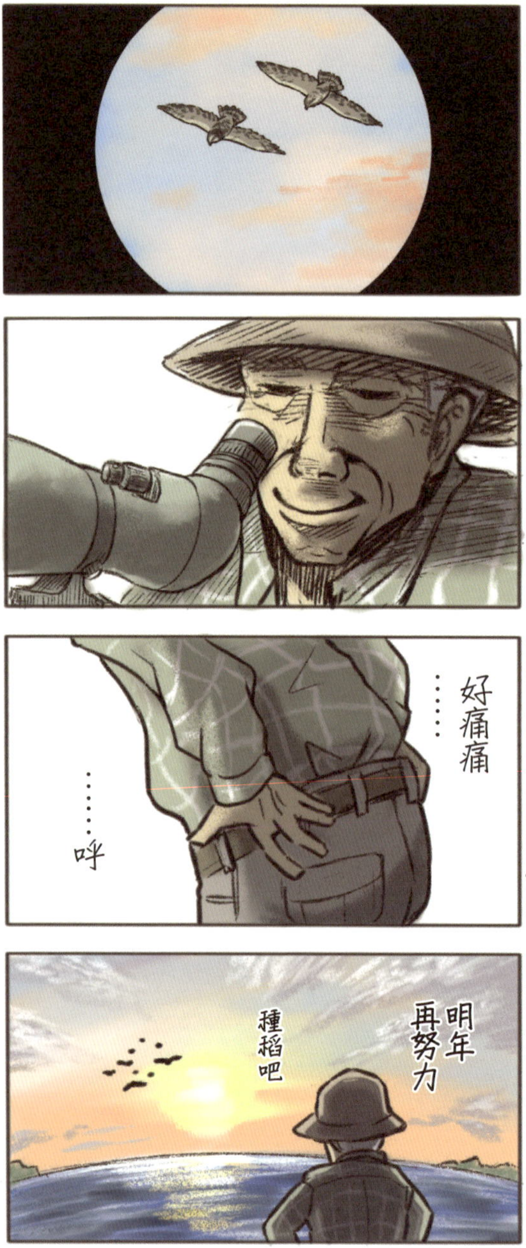
……好痛痛
……呼
明年再努力
種稻吧

由於農村人口高齡化或人手不足，導致廢耕的農地增加

廢耕地變多，讓灰面鵟鷹找不到食物

繁殖場所
廢耕地
找不到
雜草叢生
陸地化

雖然會讓喜歡草地或矮樹的生物增加

但灰面鵟鷹會面臨族群減少的危機

秋天，突然發生家庭暴力

哇啊！！
爸爸好凶暴！
嘎嚕嚕！
媽媽！我被爸爸家暴了…
爸爸！你怎麼可以對小孩這麼兇呢?!
……
不，因為這樣那樣，差不多要…
咕嘰咕嘰
啊，原來如此…差不多了呢
為什麼!?

狐狸

（日本紅狐、北狐）

食肉目犬科

秋天是許多動物和孩子分離的時候。狐狸會突然追趕孩子，或攻擊牠們

給我出去！

有的會在被攻擊的第一天就離巢，也有不論被攻擊幾次都不願意離開的受虐者

狸貓的交通事故

唧唧咿咿咿
真危險…！
快點逃啦！
應該是被車燈嚇到，僵住了吧
砰咚
昏倒了?!

狸貓在日本野生哺乳類之中最常被路殺
特別是秋天幼獸離巢時，由於移動的個體較多，交通事故也就變多了

小心動物

狸貓裝睡

狸貓很膽小，受驚嚇馬上就會昏倒；也有人說是在裝死，但此說法並不確定

也會被車燈驚嚇而僵住不動

離人類最近的野生哺乳類

東亞家蝠

翼手目 蝙蝠科

超大型颱風接近中
轟隆
呼呼
呼呼呼
呵呵呵，找到很棒的藏身處了
躲在這裡，就算有颱風也不怕了
嗚哇—風變強了！
把好久沒用的遮雨板關起來吧
霹
嘎

躲在人類住家周邊，所以被稱為家蝠

發現縫隙！
唏唏唆唆

會潛入遮雨板的縫隙間或閣樓、通氣口等人類住家的縫隙中

這是沒有鑲板的型式

具有超性格鼻子的動物

大蹄鼻蝠

翼手目 蹄鼻蝠科

日文名直譯是菊頭蝠，源自於鼻葉像菊花

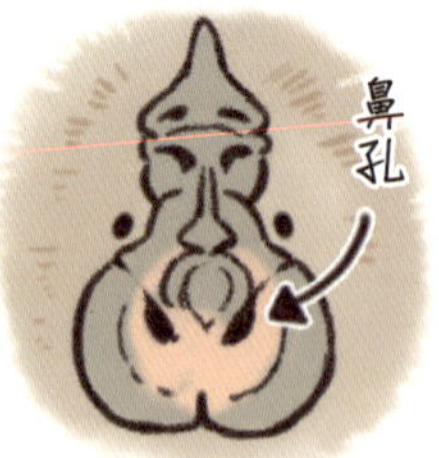

構造讓人很難理解
不可思議的鼻子

超音波不是從口部，而是由鼻子發出來

在葉子裡睡覺的哺乳類

烏蘇里管鼻蝠

翼手目 蝙蝠科

馬上就要天亮了
要趕快找今天睡覺的地方……
不過比較好的枯葉都客滿了
這裡有人～
哦哦！這裡好像有很剛好的葉子！
大小Good! 乾燥及觸感Nice!
太好了太好了
……顏色不對

又小又輕的蝙蝠，經常在**葉片中**睡覺

冬天會像北極熊那樣在雪中冬眠

Z Z Z

牠們的習性和一般蝙蝠不一樣

在沖繩經常可見 折居氏狐蝠

翼手目 狐蝠科

啪颯
啪颯
在市區裡飛來飛去
好大！不愧是沖繩
烏鴉？
是蝙蝠
在那邊也有吊掛著的喔～
咦？在哪？在哪？
噗哩
和我想的不一樣！

會把身體翻過來直立排泄

不會發出超音波，眼睛很大，耳朵很小

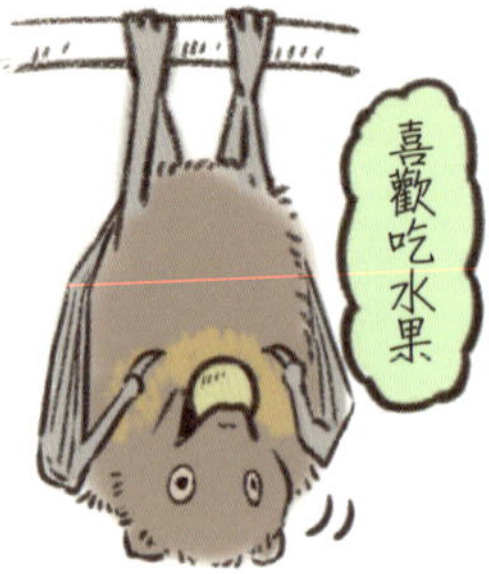

喜歡吃水果

會造訪市區中的植栽，令觀光客很驚訝

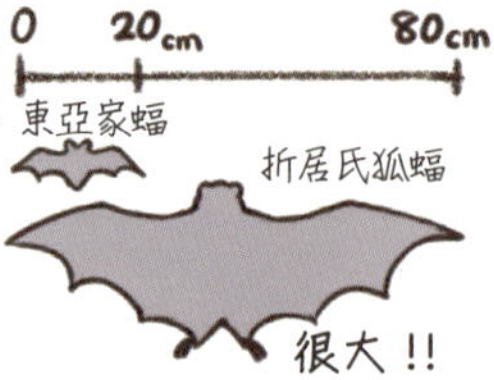

0
20cm
80cm
東亞家蝠
折居氏狐蝠
很大!!

附錄　關於「蝙蝠」這個名字

在河邊
經常可以看到蝙蝠
似乎是因為
牠們會吃的蟲子經常在
附近出現

所以
在日本有人認為蝙蝠
的日文名是從「川守」
而來
家守
井守
川守
3守護者
※在日本蝙蝠也有「川堀」
和「蚊居」等各種名稱

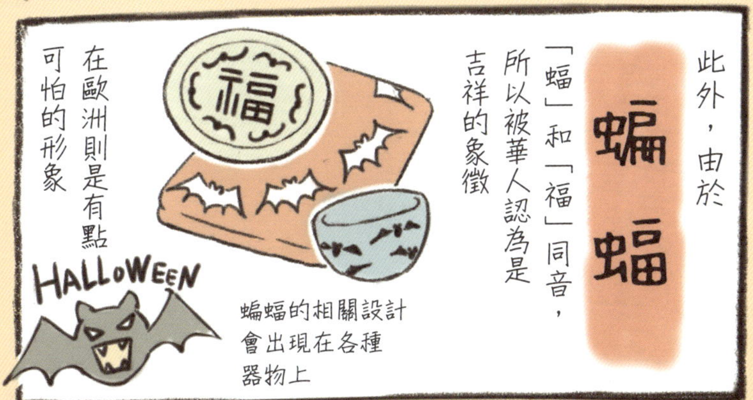
此外，由於
蝙蝠
「蝠」和「福」同音，
所以被華人認為是
吉祥的象徵
福
蝙蝠的相關設計
會出現在各種
器物上
在歐洲則是有點
可怕的形象
HALLOWEEN

附錄 關於蝙蝠和超音波

蝙蝠使用的超音波
頻率為超高的聲波，人類耳朵幾乎聽不到
獵物
障礙物
不過有些動物聽得見，例如貓
東亞家蝠
bat（超音波）
cat
聽得見嗎?!
貓
狗
有些蝙蝠發出的聲波頻率低，人類也能聽得見
（例如游離尾蝠和日本山蝠等）
嘰
嘰
嘰
可是我什麼也聽不到耶？
聽說隨著年紀變大，就會逐漸聽不到高音呢
等一下，我要認真來聽了
作者

有個人差異

最近變少了 蓑蛾幼蟲

鱗翅目 蓑蛾科

這是什麼？可以吃嗎？
真奇怪？
戳戳
戳戳
隔天
咦？
叩叩
叩叩
……好像有點變大了呢?!
裡面有什麼東西嗎？
？？？
戳戳
戳戳
隔天
……好像在動耶?!
叩叩叩叩叩

很像傳統的蓑衣而因此命名。變成成蟲之後，會從裡面鑽出來

大避債蛾

巢材以葉片較多

茶避債蛾

巢材以小樹枝較多，會有點傾斜附著在枝子上

餓了！

幼蟲

進食的時候會鑽出來

讓人聯想到死亡的花

石蒜（日文名為彼岸花）

石蒜科 石蒜屬

據說是在彼岸開的花，再加上毒性很強，吃了就會到彼岸去（死亡），因此命名

彼岸
4級河川
三途川
此岸

農地周邊很常栽植

據說對防治鼴鼠
不太有效
不過也有研究表示石蒜能夠抑制雜草生長

石蒜
如果長在墓地，經常會給人一種可怕的印象…
石蒜帶有許多生物鹼系毒性
自古以來被栽種用來防治鼴鼠和老鼠
換句話說，石蒜會幫忙守護先人
令人感謝的花
咦？
可是土裡什麼都沒有
南無阿彌陀佛
聽說以前好像有喔

現在幾乎都沒有土葬了

寄宿在閣樓的食客 白鼻心

食肉目 靈貓科

一日一種
喀噠 喀噠
最近天花板上常有怪聲音呢
因為變冷了啊，搞不好是有小動物跑進來
好可怕喔…可以幫我確認一下嗎？
哼，反正大概就是老鼠吧！
咚
啪哩

雖然被認為是外來種，但還未定論。也會在都市生活，有時候會跑到閣樓裡

在臉部中央有白線（白鼻心）
長尾巴

擅長爬樹，也會在電線上行走

秋天的尾聲與鈴聲之一

日本鐘蟋

直翅目蟋蟀科

秋天鳴蟲之中的代表性物種

由於叫聲聽起來很像鈴聲、鐘聲，於是有了日本鐘蟋（日文名直譯為鈴蟲）這樣的名字

把翅膀收起來時很不顯眼

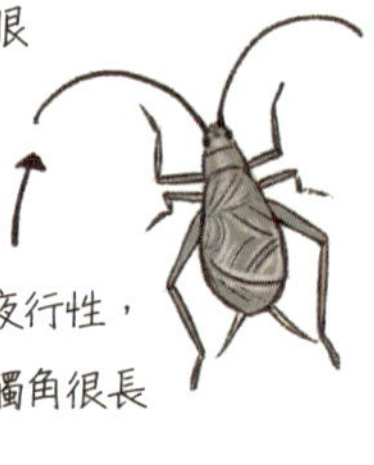

夜行性，觸角很長

秋天的尾聲與鈴聲 之二

日本鐘蟋的生命很短暫
日本鐘蟋之墓
成蟲期大概2個月左右
你在做什麼？日本鐘蟋已經死掉了吧
咻
咻
還在土裡活著喔
所以還要照顧
到下個春天為止
雖然看不見，但是……
卵一定還活著

日本鐘蟋的生活史

卵期和幼蟲及成蟲的期間差不多長

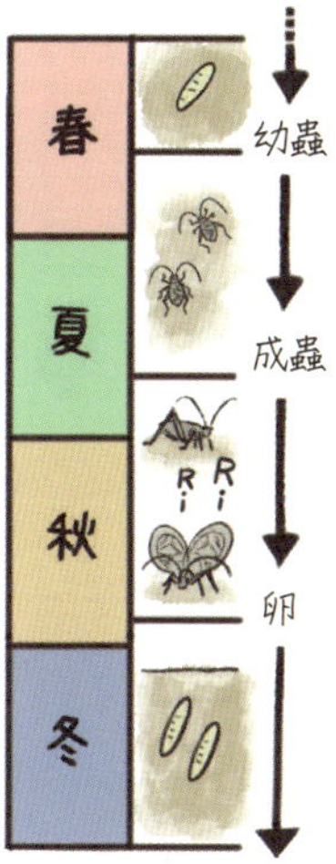
春
夏
秋
冬
幼蟲
成蟲
卵
Ri
Ri

在8月底至10月左右，可以聽到鳴叫聲

Column

日本鐘蟋的飼養方法

尋找日本鐘蟋

- 在野外通常潛藏在縫隙中，很難捕捉。
- 在夏天快結束的時候，很多日本大賣場會販賣。
- 使用陷阱，或是把陷阱放到牠們白天隱藏的地方（枯木等）。

躲藏場所

放些樹枝或盆栽的碎片等，也能成為牠們羽化時的攀附之處。

土

使用日光曬乾的土，大概 5cm 深。

飼料

- 小黃瓜、茄子、小魚乾、柴魚片等。市面上也有販賣現成的飼料。
- 假如飼料不足，牠們可能會彼此互食，要注意。

觀察看看

孩子們喜歡看牠們鳴叫時，把翅膀併攏成心形的姿態。

左翅
銼刀狀的
摩擦器官

右翅
硬刺狀的
摩擦器官

噴霧器

噴的時候小心不要噴到飼料上。

卵的越冬

把報紙或保鮮膜夾在蓋子和飼養箱之間，經常用噴霧器噴一下保濕，以免過於乾燥。

飼養時要注意

- 飼料要插在竹籤上再放，以免發霉。
- 日本鐘蟋身體很細，採集時可能會把牠們捏扁，要特別注意。

冬

Winter

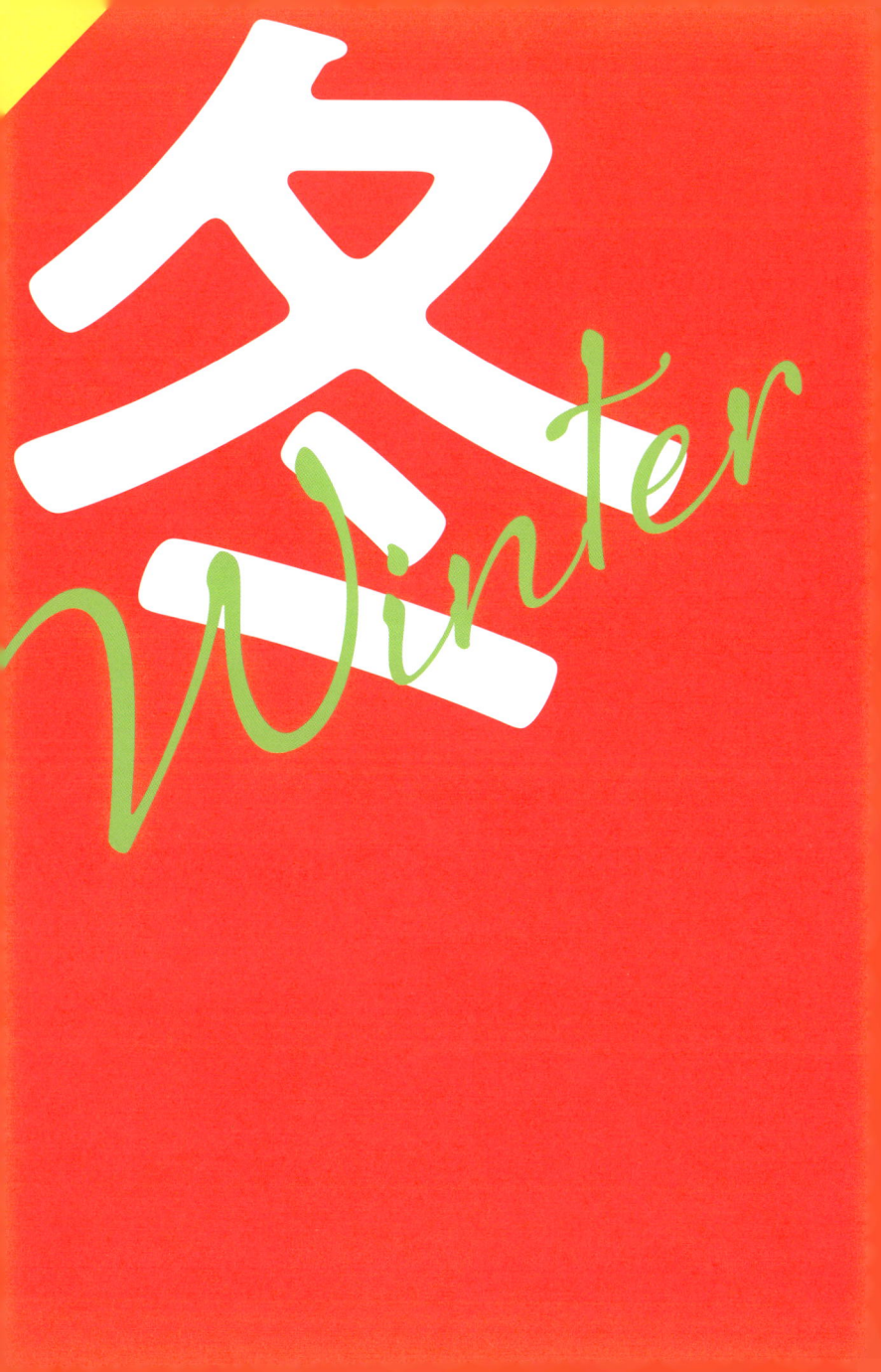

冬天的動物足跡追蹤之一

這個足跡還真是奇怪呢
究竟是什麼動物的足跡呢？
啊，是兔子！
原來前進方向是那邊啊……
後腳的腳印在前面呢……

日本野兔

兔形目 兔科

個性膽小又是夜行性，不容易看見牠們，但腳印就比較常見

夏毛
也有冬天會變白的個體

足跡

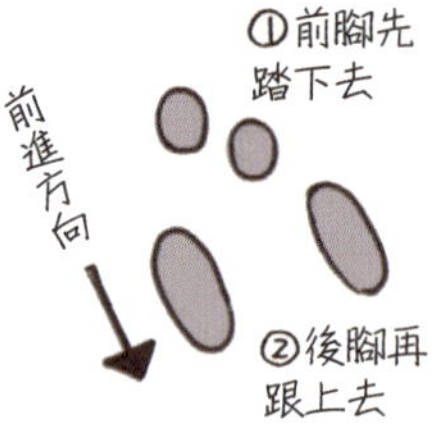
①前腳先踏下去
前進方向
②後腳再跟上去

真美麗的直線啊～
這應該是狐狸的腳印吧
真的很靈巧呢！
借我過一下喔～
啊，是狐狸
邊重疊邊後退，讓腳印重疊得很完美呢…
真的很靈巧呢！

冬天的動物足跡追蹤 之一

狐狸

食肉目犬科

耳朵後面是黑色
腳的前方通常是黑色

足跡

【獵人走法】

前腳和後腳成一直線

前進方向
也能夠邊重疊邊後退

節分特輯 名字有「鬼」的生物 之一

鬼瘤

傘菌目 傘菌科

隆
隆
隆
鬼瘤
隆
隆
有時候在城市的公園或家裡的院子裡也會看到
直徑可以長到50cm左右
好大……
像鬼一般巨大的蕈類
這個看起來像「球」的東西
只要被小孩發現的話，就會被……
踢出去
咻
咚
呦

看起來像是白色球般的巨大蕈類

也可以吃，但好像沒有很好吃

發現大顆鬼瘤的時候
找到了！
先拍照紀念
喀嚓
好想踢踢看喔……

節分特輯
名字有「鬼」的生物 之二

玫瑰毒鮋

鮋形目 鮋科

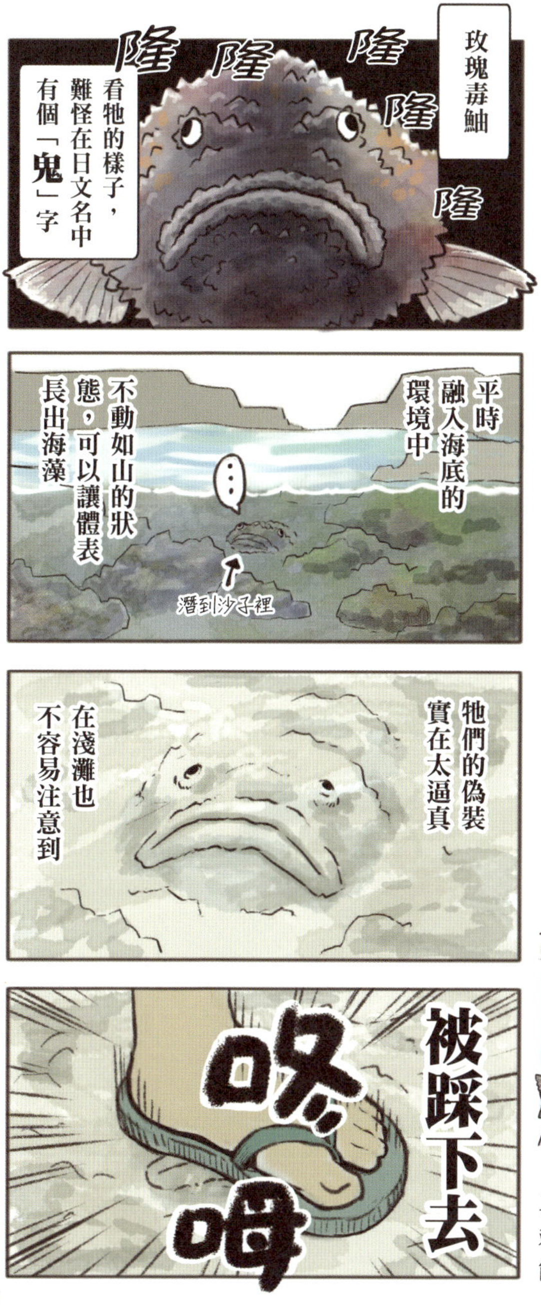

玫瑰毒鮋
看牠的樣子，難怪在日文名中有個「鬼」字
隆 隆 隆 隆 隆
平時融入海底的環境中
不動如山的狀態，可以讓體表長出海藻
……
潛到沙子裡
牠們的偽裝實在太逼真
在淺灘也不容易注意到
被踩下去
咚
呣

棲息在南方海洋中的魚類；有時在淺灘也能看到，要特別小心不要踩到

為什麼呢？

因為背鰭的刺

有劇毒

喔咿
喔咿
我以為我要死了……
……是對方啦

真的是活地雷啊！
刺很硬，穿海灘涼鞋也不能安心呢……

附錄　在野外能夠看到的各種「鬼」

日文名為鬼野芥子
鬼苦苣菜
和一般的苦苣菜一樣能在路邊看到，它是外來種，若想要拔掉的話，
因為有既硬又尖銳的刺，非常難清除，可能會被刺到。

日文名為鬼海星
棘冠海星
全身都有毒刺，若被刺到會腫起來而且很痛。近年來，
由於牠們數量大幅增加，導致珊瑚礁被破壞。

日文名為鬼胡桃
日本胡桃
很好吃

日本胡桃也很受動物喜愛！

大林
日本

早起的青蛙 赤蛙產卵 之一

2月
從冬眠中～
砰
醒來!!
季節還是冬天!
水邊沒有天敵!!
冬天的水田
歐耶!
哇喔!
那就產卵
GO!!

無尾目 赤蛙科

通常日本赤蛙在低地，山棕蛙則是在山地較常見

山棕蛙
日本赤蛙

兩者都是在冬～早春的水田或淺水灘中產球狀的卵囊

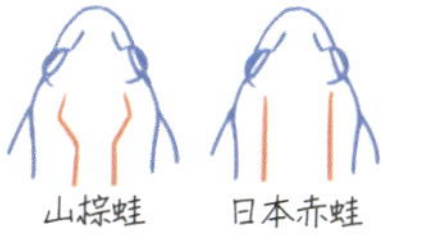
山棕蛙
日本赤蛙

背側線的差異很容易分辨

早起的赤蛙產卵之二

哎，因為今天有出太陽
……只要再等一天，冰就會融化了！
早安！
也是，那麼就在今天晚上產卵好了
白天
暖烘烘
暖烘烘
開始融化了呢
滑
啪哩
夜晚
就是現在！
產卵產卵！
隔天早上
硬梆梆
硬梆梆

卵被果凍狀的物質包裹著
在雨後很容易找到

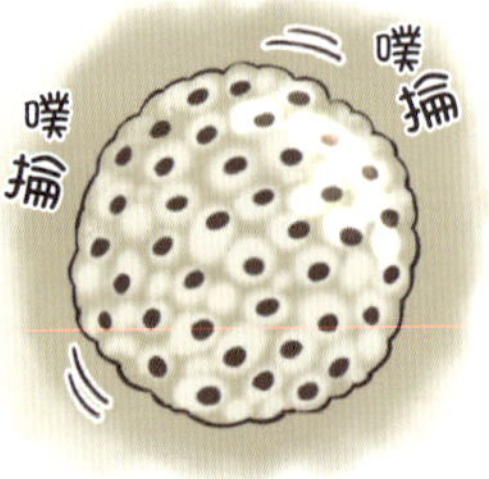
噗掄
噗掄

在早春（2～3月左右）產卵的其他兩生類

能幹的兩生類是
要早早起來的!!
蟾蜍
山椒魚
要睡到春天的雨蛙

早起的青蛙 赤蛙產卵 之三

凍
活
嗯……
下面的卵
看起來
好像沒事
盯—
孩子們啊～
……你們要
堅強的活下去
工作
都結束了…
到春天來臨前
要做什麼呢？
嗯……
好冷……
又沒有食物……
咻
……
啪
睡回籠覺

在很冷的冬天，比其他蛙類早出現，早起產卵……

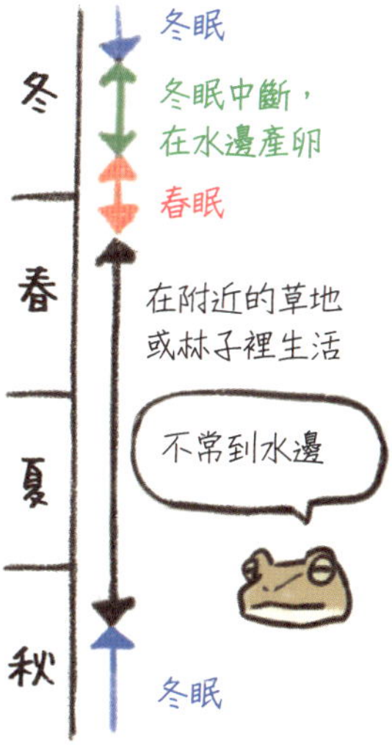
冬
春
夏
秋
冬眠
冬眠中斷，
在水邊產卵
春眠
在附近的草地
或林子裡生活
不常到水邊
冬眠

做點工作（產卵），結束後又回去睡覺

叫聲很像貓叫？

黑尾鷗

鴴形目 鷗科

某個漁港
氣氛緊張
這個四隻腳的
好像和我們使用同樣的語言呢…
是不是能溝通呢?!
鬆開
喵啊喵啊
（翻譯）我們各分一半如何?!
喵啊…

日文名直譯為海貓，因為叫聲很像貓叫而得名。不過老實說，

其實不太像

喵啊喵啊
你在說什麼，我完全聽不懂

生活周遭的鷗科鳥類

黑尾鷗
銀鷗
歐亞海鷗
紅嘴鷗

……等等

跟貓的尾巴很像？

細柱柳

楊柳科 柳屬

溫暖
溫暖
總算開始變暖了呢
啊！
樹木的冬芽也開始脫下外衣了
外衣（芽鱗）
幾天後
毛茸～茸
脫掉以後……
反而看起來比較暖和?!

除了野外，也是很常見的庭院樹木。日文名直譯為貓柳，因為看起來很像貓的尾巴

毛茸茸的觸感讓人愛不釋手

哇！

夏天通常被視而不見

……

零 貓咪要素

Column

2 月 22 日是日本的貓節（1987 年制定）
名字中有貓字的日本生物

日本很多動植物都有動物的名字，其中有貓字的物種也不少，
應該是自古以來貓就在人類生活周遭的原因吧。
雖然這跟季節沒有關係，仍在這裡介紹其中一部分。

寬紋虎鯊

明明是鯊魚，臉卻像貓那樣圓滾滾的。
瞳孔也很像貓。
正面的臉看起來像青蛙。

天蓬草舅

葉片就像貓舌頭那樣很粗糙，有養貓的人應該會有同感吧。

貓眼草

果實看起來很像貓眼睛而有了這樣的名字，你看出來了嗎？

貓乳

果實很像貓的乳頭而有這樣的名字。有養貓的人……（以下略）。

在冬天開的花 藪椿與野鳥們 之一

山茶花的蜜
真好吃呢
對啊♪
……聽……得見……嗎……
……聽得見嗎
……?
?
要……傳送
……花粉
到對面的樹……
把花粉送過去……
!
……
ㄆ一ㄚ
ㄆ一ㄚ
山茶花的蜜
真好吃呢
吸
對啊♪
不要裝沒聽見!!

藪椿（日本山茶）

山茶科 山茶屬

冬～早春期間開的花，這個時候其他的花或昆蟲都很少見

綠繡眼

很喜歡花蜜

棕耳鵯

脾氣（稍微）有點壞

在冬天開的花 藪椿與野鳥們 之二

那些傢伙看起來很兇惡，很可怕呢
牠們不是會幫忙傳送花粉嗎？
是沒錯，我也是很感謝啦……
棕耳鵯大人謝謝您託您的福我才能受粉……
總覺得吃不太夠，還有點餓……
噗
嘰
姆嘎
姆嘎

山茶花在蟲子很少的冬天開花，但仍有綠繡眼和棕耳鵯等鳥類會來幫忙傳送花粉

經常沾上花粉而變成黃色的喙部

棕耳鵯經常會把花吃掉

啪嘰
噗嘰
Oh! Wild!

難得才剛完成受粉的說……

水鳥們的倒立覓食

啊，天鵝在倒立耶
這附近有水草嗎？
我們也在這裡倒立吧
啪咕
啪咕

不會潛水的淡水雁鴨類水鳥，會頭下腳上倒立採食水中的水草

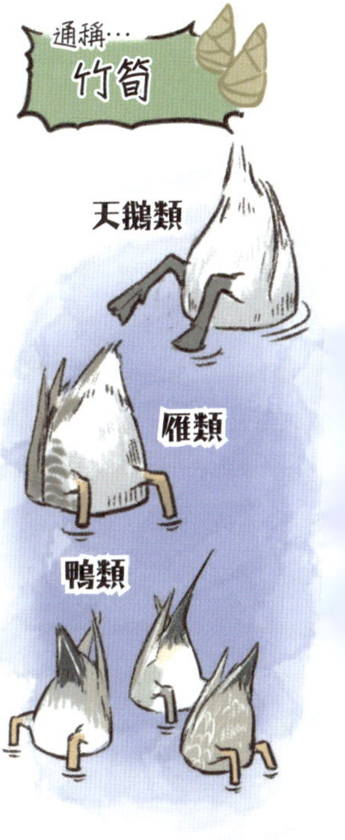

通稱…
竹筍
天鵝類
雁類
鴨類

Column

生活周遭池子中常見的「竹筍」圖鑑

冬天是許多雁鴨類水鳥造訪的季節，公園的池塘也會變得很熱鬧。
不需要特別的工具也能夠觀察，非常適合進行賞鳥活動。
請到冬天的公園池塘去找找各種雁鴨類的「竹筍」吧！

尖尾鴨

頸部很長
大型的雁鴨

♂
喙部上面是黑色
♂尾羽很長

花嘴鴨

全年都可見到的
留鳥雁鴨

♀
雌雄幾乎同色
♂
♂尾上及尾下覆羽
顏色偏黑

小水鴨

比其他的雁鴨類
要小一圈

♀
經常會露出來的綠色翼鏡（羽
上顏色鮮明的斑塊）很美麗
♂
♂尾下覆羽有淺
黃色的斑

綠頭鴨

♀
♂
♂頸部為綠～
藍紫色
♂有彎曲的羽毛

潛藏在街道中有點造成麻煩的客人

緊急事態宣言
暫時
停止營業
山興定食
為什麼每一家店都沒有營業啦！
我們快要餓死了～
垃圾集中場
氣噗噗
氣噗噗
吃不到垃圾了?!
人類到底在做什麼啊！

家鼠

囓齒目鼠科

比溝鼠小一圈，很擅長爬樹的老鼠
近年來，隨著大樓高層化，勢力範圍比溝鼠還要大

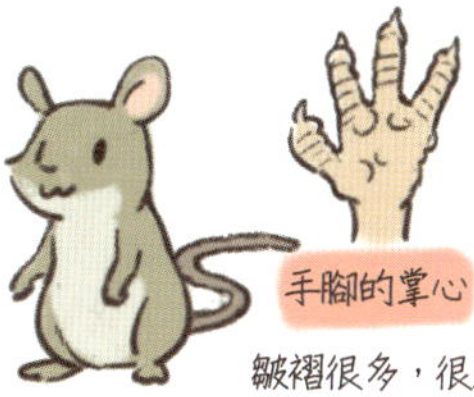
手腳的掌心
皺褶很多，很適合攀爬牆壁

經常會吃人類製造的垃圾。當餐飲業因為新冠疫情停止營業的時候，很多老鼠跑到街道上，這種狀況在世界各地都有報導

老鼠大量出沒
因餐飲店停止營業而導致食物不足？

生活在溪流中的溪流赤蛙

無尾目 赤蛙科

雄性蛙類被同為雄性抱住的時候
會發出釋放叫聲，讓對方知道抱錯了
抓到了♥
釋放（放開我……）
弄錯了蛙
抱緊
這次沒有釋放叫聲……
應該——是雌性吧！
哎呀
屋喔?!
哈哈哈，這位小姐很活潑呢～♥
噗啪
哈哈哈
噗啪

對溪流環境產生特化的青蛙，後腳的蹼很發達

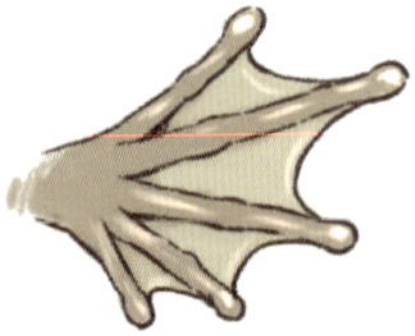

在相同棲息地中也有日本櫻鱒或石川櫻鱒

蛙類有時候也會和別種動物抱接在一起

溪流

在冬天很容易找到螳螂的卵囊

螳螂目 螳螂科

唉～肚子餓了……
咻
冬天沒有東西可以吃……
啊，
那個是?!
蟲子的卵吧!!
呼呵!!
空
那個很好吃呦

枯葉大刀螳

整體來說是又圓又大
比較常在芒草或樹枝上

寬腹斧螳

橄欖球型
會附著在樹幹或人工物
的壁面上

狹翅大刀螳

有兩條縱向的細長線條
會附著在樹枝或草莖上

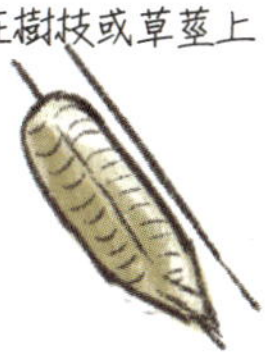

冬天看不到花真寂寞呢
在這附近好像有盛開的花耶
在這麼寒冷的時期？
好像反而是越冷的時候，才會開得更好哩
寂靜無聲…
到處都沒有花啊！
嗯……

在冬天開的冰之花
日本偏穗花

唇形科 偏穗花屬

因為花很像在寒冷的冬天早晨，因毛細現象形成的霜柱，所以日文名直譯就是霜柱

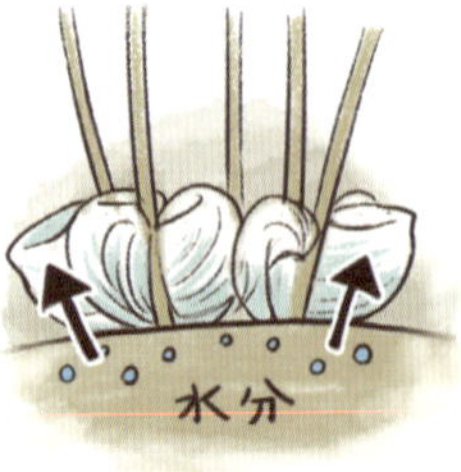

水分

別名 冰之花

※和地表被凍得硬硬脆脆有粗糙感的情況不同

真正的花在夏天開花

冬天都沒有可以吃的東西呢……
華東山柳
沒辦法，只好來吃樹皮了
我也想吃！
抱歉，我把這附近的都吃掉了
還有留著樹皮的樹喔
ドッ
真的嗎？
在哪，在哪？
雖然有點不容易吃……
雲實

鹿會讓森林枯竭

現在日本全國的鹿隻數量遽增，牠們會啃掉樹皮讓樹枯死，造成

很嚴重的問題

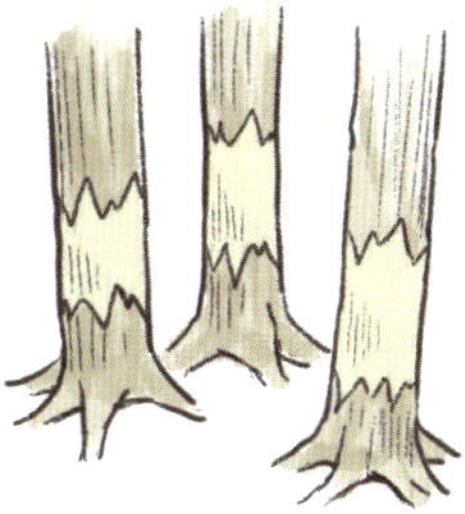

所以正在採取狩獵等方法來減少鹿隻數量，並用網子保護樹木

Column

為什麼鹿會增加

增加過多也會造成困擾

談到野生生物，通常都是瀕危物種容易受到注目，但也有因為增加過多而成為問題的動物。在日本其中一個例子就是「鹿」，一般認為鹿會持續增加的原因，跟里山環境變化或獵人減少、天敵滅絕等有關。

全國的日本梅花鹿個體數（推測）

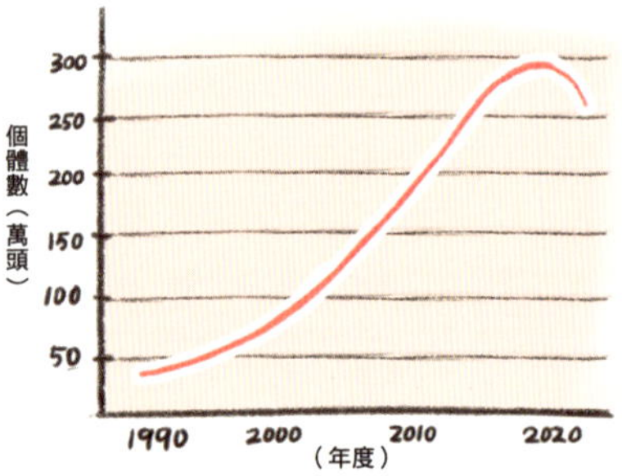

問題在哪裡？

鹿的數量太多，會把森林林床上的植物吃得精光。冬天沒有食物的話，連樹皮都會吃掉，有時會導致整座森林都枯死。此外，到有人居住的地方把農作物吃掉的情況，也隨著鹿的數量增加而日趨嚴重。

該怎麼辦才好？

各地方自治團體為了要有計畫減少鹿隻數量，採取跟獵人合作來進行族群管理等方式。但由於獵人不足，或是鹿肉的流通系統沒有建立，目前這種情況還是沒有解決。

以成蟲越冬
北黃蝶

鱗翅目粉蝶科

暖烘烘
暖烘烘
啊，
怎麼好像很暖和……
越冬中的北黃蝶
春天來了嗎?!
喲呵?!
……
咻
!
原來還是冬天……
糟了，沒東西吃……

每年會出現2～3次，在晚秋出現的個體是以成蟲越冬

雖然冬天期間是在樹木基部或落葉下靜止不動，但在溫暖的日子有時候也會活動

夏型♀

秋型♀

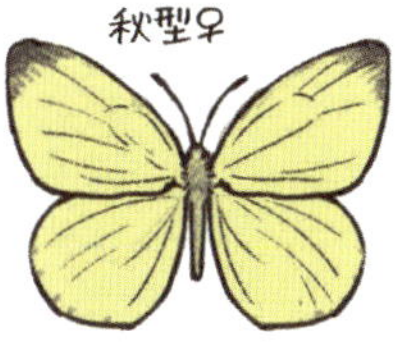

在晚秋出現的個體，通常翅膀前端黑色部分比較少

在早春開的花 阿拉伯婆婆納

車前草科 婆婆納屬

有春天的感覺！
歡迎光臨！您很早到呢
有店開門，真好呢
原來是，冬天突然結束，
春天又還沒有開始
冬天的氣息一點一點地減少
春天逐漸增加呢

還在冬天就開始開花，在日本是歸化種

雖植株不高，但是在早春時競爭對手不多，所以也能夠盡情享受陽光

本種和桔梗都是早春常見的植物

當昆蟲停棲的時候，花柄會彎曲，讓花粉容易沾到蟲子身上

出乎意料離我們很近的猛禽

蒼鷹

鷹形目 鷹科

總算有春天的氣息~
暖烘烘 暖烘烘
金背鳩
太陽暖暖的，感覺好舒服~
呵~
太好了 太好了♪
?
嘎

雖然從前給人稀有的印象，但是近年來也有不少在人類生活周遭繁殖的例子

再加上到了冬天，山地的個體也會飛到低地來，所以看到的機會變多了

英挺的白眉很帥氣

在公園經常會看到被蒼鷹捕獵的鴿子，羽毛散亂一地

就這樣，野生生物們度過了
又長又嚴酷的冬天——
然後
只有殘存者——

能夠……
迎接春天的來臨

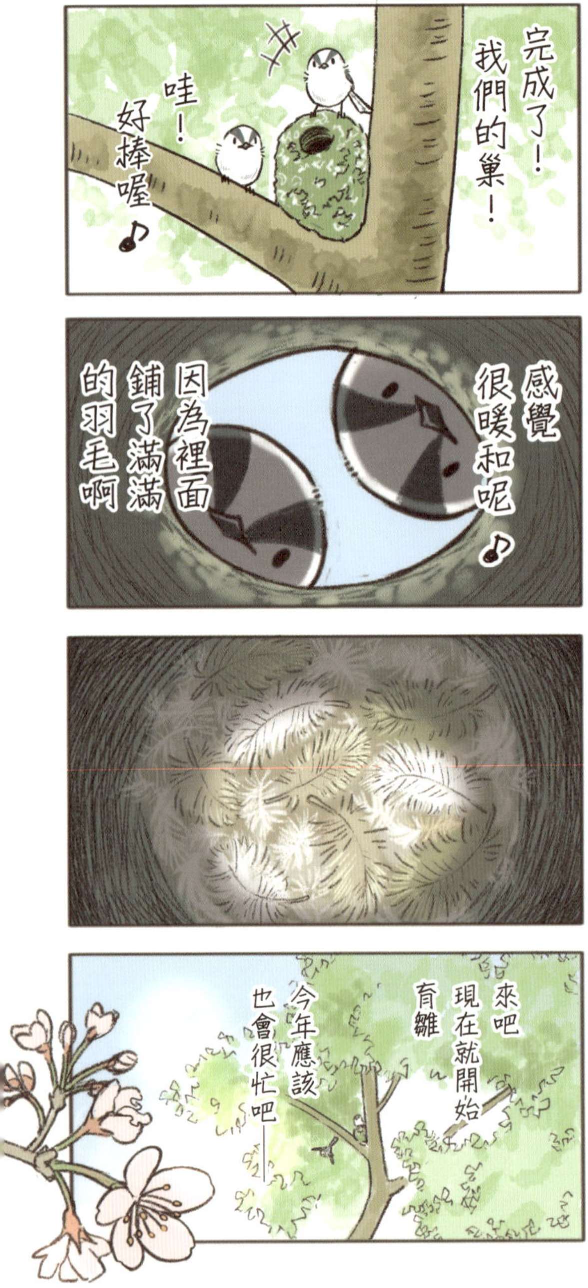
完成了！
我們的巢！
哇！
好棒喔♪
感覺很暖和呢♪
因為裡面鋪了滿滿的羽毛啊
來吧現在就開始育雛
今年應該也會很忙吧——

成為新生命的搖籃

長尾山雀的巢

外層以苔蘚及蜘蛛絲加以固定，內部則用鳥類羽毛塞得滿滿的。羽毛的數量大約為2000片

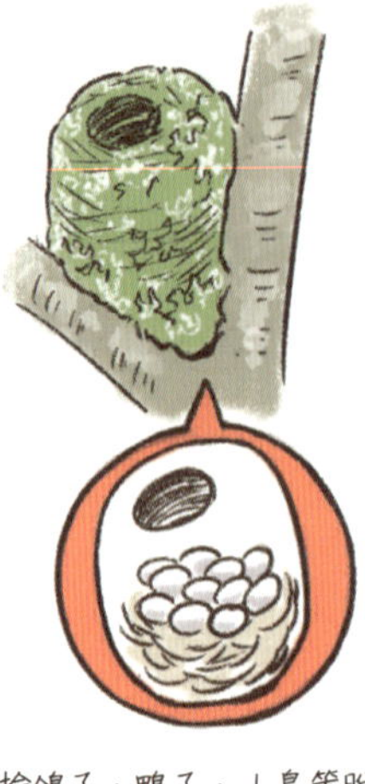

撿鴿子、鴨子、小鳥等脫落羽毛，或是死亡個體的羽毛

Afterword

作者的話

謝謝大家閱讀到最後，我是本書的作者「一日一種」，經常有人說我的筆名「真是奇怪」、「好難唸」。
※ 譯註：一日一種的日文是いちにちいっしゅ，發音為 ichi-nichi-issyu

託大家的福，《野生動物搞笑日常 wildlife》出版到第二本，實在非常感謝。為了讓人感覺親近易懂，而以漫畫的形式呈現，真的只是想讓大家注意到「在我們生活周遭就有許多生物」，觀察生物一點都不難，所以才會一直持續不斷地畫下去。

我認為我應該有盡量把周遭生物的堅強、脆弱、帥氣、強、弱、聰明、呆……等「有趣」的現象表現出來。如果有人因為看了我的漫畫，去購買真正的圖鑑並開始觀察生物的話，我會非常高興，因為我的初衷就是希望這本書是拋磚引玉的「入門書」，而且還是更初階的「入口書」。

我還是會繼續畫有趣的生物漫畫，如果還能受到大家的喜愛，就是我的無上榮幸。
衷心期待將來有機會在野外遇到大家！

再次說聲謝謝！

索引

國家圖書館出版品預行編目(CIP)資料

野生動物搞笑日常 2, 原來牠們這樣生活！用 4 格漫畫觀察四季生態 = Wildlife / 一日一種作 ; 張東君翻譯 . -- 第一版 . -- 新北市 : 人人出版股份有限公司 , 2025.07
面； 公分
ISBN 978-986-461-445-5(平裝)

1.CST: 動物學 2.CST: 動物生態學 3.CST: 漫畫

380 114005578

野生動物搞笑日常 2

原來牠們這樣生活！用 4 格漫畫觀察四季生態

作　　者　一日一種
翻　　譯　張東君
特約編輯　吳立萍
內文排版　游鳳珠
出 版 者　人人出版股份有限公司
地　　址　231028 新北市新店區寶橋路 235 巷 6 弄 6 號 7 樓
電　　話　(02)2918-3366（代表號）
傳　　真　(02)2914-0000
網　　址　www.jjp.com.tw
郵政劃撥帳號　16402311 人人出版股份有限公司
製版印刷　長城製版印刷股份有限公司
電　　話　(02)2918-3366（代表號）
香港經銷商　一代匯集
電　　話　(852)2783-8102
第一版第一刷　2025 年 7 月
定　　價　新台幣 280 元
　　　　　港幣 93 元